Karl Heun

Formeln und Lehrsätze der Allgemeinen Mechanik

In systematischer und geschichtlicher Entwicklung dargestellt

bremen university press

Karl Heun

Formeln und Lehrsätze der Allgemeinen Mechanik

In systematischer und geschichtlicher Entwicklung dargestellt

ISBN/EAN: 9783955622169

Auflage: 1

Erscheinungsjahr: 2013

Erscheinungsort: Bremen, Deutschland

Formeln und Lehrsätze

der

Allgemeinen Mechanik

in

systematischer und geschichtlicher Entwickelung

dargestellt

von

Karl Heun, Dr. phil.
Professor an der technischen Hochschule in Karlsruhe

Mit 25 Figuren im Text

Leipzig
G. J. Göschensche Verlagshandlung
1902

Vorwort.

Das vorliegende Schriftchen ist aus einer bestimmten Veranlassung hervorgegangen. Von seiten meiner Zuhörer wurde mir nämlich der Wunsch ausgesprochen, ich möchte ihnen ein kleines Kompendium der theoretischen Mechanik für die Repetition empfehlen. Da mir nun ein derartiges Büchlein, welches den erforderlichen Stoff enthält und zugleich der gegenwärtigen Ausbildung dieser Wissenschaft entspricht, nicht bekannt war, so entschloß ich mich, einen ganz kurzen Abriß der wichtigsten Lehren der Kinematik und Dynamik auszuarbeiten.

Aus naheliegenden Gründen wurden jedoch die Formeln und Lehrsätze der Mechanik nicht zusammenhangslos nebeneinander gestellt, sondern in systematischer Reihenfolge entwickelt.

Die geometrischen Sätze der Kinematik sind nur andeutungsweise berührt, da es zweckmäßig erscheint, dieses interessante Gebiet in selbständiger Darstellung zu geben.

Sehr gern hätte ich der Mechanik der stetig veränderlichen Systeme einige Abschnitte gewidmet. Es war mir aber in der Eile nicht möglich, etwas Befriedigendes in dieser Richtung zu bieten, so daß ich eine spätere Gelegenheit benutzen muß, um das jetzt Versäumte nachzuholen.

Überdies findet man in der hier gegebenen Theorie der Fadenkurven einige — wenn auch ganz elementare — Entwickelungen, welche auf diesem Gebiete liegen und sich ohne besondere Schwierigkeit auf allgemeinere Systeme ausdehnen lassen.

Die Lehre von den unstetigen Bewegungsprozessen ist hier wohl zum erstenmal eingehender behandelt und zwar mit Rücksicht auf die approximative Integration der kinetischen Differentialgleichungen.

Ferner habe ich auch die allgemeinen Prinzipien der Kinetostatik, die sich in neuerer Zeit eines regeren Interesses erfreuen, in einem besonderen Abschnitt systematisch zusammengestellt.

Nach dem Vorgange Schells sind die kinematischen Begriffe von den dynamischen scharf getrennt worden. Änderungen in der Terminologie, welche hierdurch möglicherweise später veranlaßt werden, sind jedoch in der vorliegenden Darstellung fast ganz vermieden.

Auf die Wiedergabe der fundamentalen mechanischen Vorstellungen Lagranges ist das größte Gewicht gelegt. Dieser Auffassung gemäß mußte durchweg zwischen den mechanischen „Elementarbegriffen", die sich zunächst auf einen materiellen Punkt beziehen, und den Ausbildungen derselben zu „Systembegriffen" unterschieden werden. Indem die von Hertz gewählte Benennung „Vektor in bezug auf ein System" in dem vorliegenden Abriß konsequent beibehalten wurde, erhält dieser prinzipielle Gegensatz einen seiner Bedeutung entsprechenden — wenn auch vielleicht etwas schwerfälligen — Ausdruck.

Endlich war in jenem Zusammenhang das Prinzip der virtuellen Verschiebungen ohne jede Rücksicht auf dynamische

Vorstellungen bereits in der Kinematik der zusammengesetzten Systeme einzuführen und der Nachweis der Zweckmäßigkeit des Prinzips in der Kinetik nachzuholen.

Von der Streckenrechnung sind eigentlich nur die Definitionen der beiden geometrischen Produkte benutzt. Ein näheres Eingehen auf die ziemlich verwickelten Sätze der Vektoranalysis erschien nicht angebracht.

Unerläßlich ist die Vorstellung der räumlichen Vektoren in der Mechanik, während die Verwendung des inneren und äußeren Produktes — im Grunde genommen — nur die Bedeutung einer analytischen Stenographie hat, welche zugleich die unmittelbare Anschauung der räumlichen Beziehungen unterstützt.

Die Übersicht der historischen Entwickelung der allgemeinen Prinzipien und Methoden wurde in einem besonderen Anhange (F. Daten aus der Geschichte der Mechanik) gegeben. Form und Inhalt dieses Teils der Darstellung sind durch die Mitwirkung meines Stiefsohnes Alfred Jatho (Gymnasiallehrer in Oberhausen, Rhnl.) in einer — wie ich hoffe — günstigen Weise beeinflußt.

Ob das Büchlein einige Freunde gewinnen wird?

Karlsruhe, im Juli 1902.

Karl Heun.

Inhaltsübersicht.

I. Mathematische Hilfsmittel.

1. Geometrische Addition

$$\overline{a} = \overline{a}_1 + \overline{a}_2 + \overline{a}_3 .$$

Die Strecken $\overline{a}_1$, $\overline{a}_2$, $\overline{a}_3$ und $-\overline{a}$ bilden in ihrer räumlichen Aneinanderreihung einen geschlossenen Polygonzug.

2. Das innere Produkt der Strecken $\overline{a}$ und $\overline{b}$ ist definiert durch die Gleichung:

$$\overline{a}\overline{b} = ab \cos(\overline{a}|\overline{b}).$$

3. Das äußere Produkt der Strecken $\overline{a}$ und $\overline{b}$ ist ein neuer Vektor $\overline{c}$, welchen man erhält, indem man sich mit den Füßen auf die Ebene durch $\overline{a}$ und $\overline{b}$ stellt und um die Körperachse eine Drehung nach links von $\overline{a}$ gegen $\overline{b}$ ausführt und endlich in der Richtung von unten nach oben die Länge $ab \sin(\overline{a}|\overline{b})$ aufträgt.

Ist also

$$\overline{c} = \overline{a\,b},$$

so wird

$$c = ab \sin(\overline{a}|\overline{b}).$$

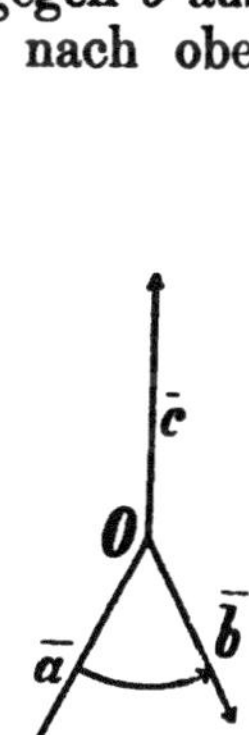

Fig. 1.

4. Man rechnet mit Vektoren, indem man die obigen Definitionen streng beachtet und im übrigen die gewöhnlichen arithmetischen Regeln benutzt.

5. Ist

$$\overline{a} = \overline{a}_1 + \overline{a}_2 + \overline{a}_3 , \quad \overline{b} = \overline{b}_1 + \overline{b}_2 + \overline{b}_3 ,$$

so wird

$$\bar{a}\bar{b} = a_1 b_1 \cos(\overline{a_1}|\overline{b_1}) + a_1 b_2 \cos(\overline{a_1}|\overline{b_2}) + a_1 b_3 \cos(\overline{a_1}|\overline{b_3})$$
$$+ a_2 b_1 \cos(\overline{a_2}|\overline{b_1}) + a_2 b_2 \cos(\overline{a_2}|\overline{b_2}) + a_2 b_3 \cos(\overline{a_2}|\overline{b_3})$$
$$+ a_3 b_1 \cos(\overline{a_3}|\overline{b_1}) + a_3 b_2 \cos(\overline{a_3}|\overline{b_2}) + a_3 b_3 \cos(\overline{a_3}|\overline{b_3}).$$

Deuten also die Indices 1, 2, 3 drei zu einander senkrechte feste Richtungen (Achsen) im Raume an, dann erhält die vorstehende Gleichung die einfache Form:

$$\bar{a}\bar{b} = a_1 b_1 + a_2 b_2 + a_3 b_3,$$

womit das innere Produkt durch die rechtwinkligen Komponenten der einzelnen Faktoren ausgedrückt ist.

6. Ganz analog bildet man unter der Voraussetzung einer rechtwinkligen Zerlegung der Faktoren das äußere Produkt:

$$\bar{c} = \overline{ab} = \overline{(a_1 + a_2 + a_3)(b_1 + b_2 + b_3)}$$
$$= \overline{a_1 b_1} + \overline{a_1 b_2} + \overline{a_1 b_3}$$
$$+ \overline{a_2 b_1} + \overline{a_2 b_2} + \overline{a_2 b_3}$$
$$+ \overline{a_3 b_1} + \overline{a_3 b_2} + \overline{a_3 b_3}$$

und erhält nach 3. die Komponenten von $\bar{c}$, nämlich:

$$c_1 = a_2 b_3 - a_3 b_2$$
$$c_2 = a_3 b_1 - a_1 b_3$$
$$c_3 = a_1 b_2 - a_2 b_1 .$$

7. Für das ternäre Produkt $\bar{a}\overline{bc}$ gelten nach 5. und 6. die Vertauschungsformeln:

$$\bar{a}\overline{bc} = \bar{c}\overline{ab} = \bar{b}\overline{ca},$$

welche auch eine Grundeigenschaft der Determinanten ausdrücken.

8. Ebenso gewinnt man aus 6. die Beziehung:

$$\overline{a(bc)} = (\bar{a}\bar{c}) \cdot \bar{b} - (\bar{a}\bar{b}) \cdot \bar{c},$$

die zur Abkürzung in der Streckenrechnung häufig benutzt wird.

9. Man merke noch als Folgerung aus 5. und 6. die Formel:

$$\overline{ab} \cdot \overline{cd} = (\overline{a}\overline{c})(\overline{b}\overline{d}) - (\overline{b}\overline{c})(\overline{a}\overline{d}).$$

10. Die Gleichung einer Ebene mit der Normalen $\overline{n}$ ist:

$$\overline{n}(\overline{x - n}) = 0 \quad \text{oder} \quad \overline{\nu}\overline{x} = n,$$

wenn $\overline{\nu}$ einen Einheitsvektor nach der Beziehung

$$\overline{n} = n\overline{\nu}$$

vorstellt.

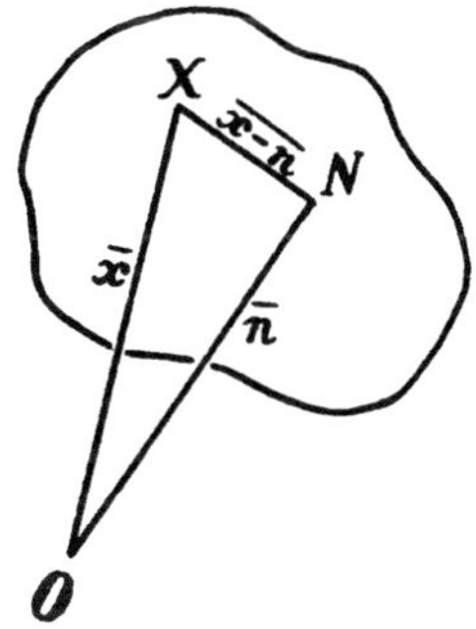

Fig. 2.

11. Die Gleichung einer Geraden, die in der Richtung $\overline{\varepsilon}$ durch den Punkt $\overline{a}$ geht, ist:

$$\overline{\varepsilon(x - a)} = 0.$$

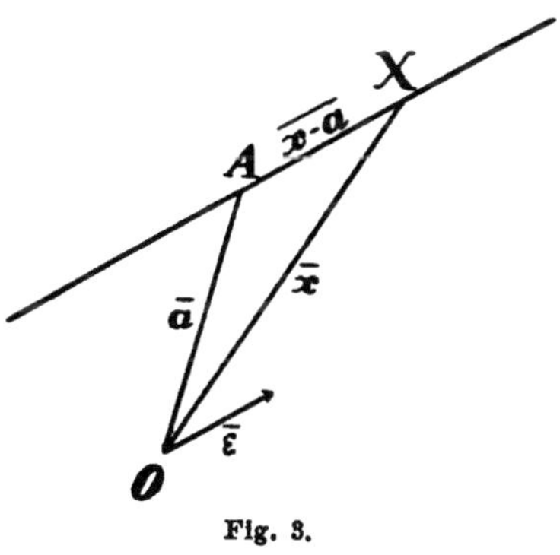

Fig. 3.

12. Die Gleichung einer Raumkurve denken wir uns dargestellt in der Parameterform:

$$x_1 = f_1(\tau), \quad x_2 = f_2(\tau), \quad x_3 = f_3(\tau),$$

so daß auch $\overline{x}$ eine Funktion von τ ist. Ferner setzen wir:

$$\frac{d\overline{x}}{d\tau} = \dot{\overline{x}}$$

und bestimmen einen Einheitsvektor $\overline{\sigma}$, welcher die Richtung von $d\overline{x}$ hat, aus der Gleichung:

$$\overline{\sigma} = c \cdot \dot{\overline{x}}.$$

Dann ist nach 5.:

$$1 = \sigma^2 = c^2 \cdot \dot{x}^2, \quad \text{d. h.} \quad c = \frac{d\tau}{dx}.$$

Mithin:

$$\overline{\sigma} = \frac{d\tau}{dx}\frac{d\overline{x}}{d\tau} = \frac{d\overline{x}}{dx}.$$

dx ist die Länge des Bogendifferentials, welches man gewöhnlich mit ds bezeichnet.

Die Komponenten

$$\sigma_1 = \frac{dx_1}{dx}, \quad \sigma_2 = \frac{dx_2}{dx}, \quad \sigma_3 = \frac{dx_3}{dx}$$

sind also die Cosinus der Winkel, welche die Tangente der Kurve mit den festen Raumachsen einschließt.

13. Wir bilden ferner aus $\overline{\sigma}$ durch nochmalige Differentiation einen zweiten Einheitsvektor:

$$\overline{\nu} = r \cdot \frac{d\overline{\sigma}}{dx},$$

so daß

$$r = \frac{dx}{d\sigma}, \quad \frac{1}{r} = \frac{d\sigma}{dx}$$

wird und bemerken, daß $\frac{1}{r}$ nur für die gerade Linie verschwindet. $\frac{1}{r}$ ist also ein Maß der Krümmung der betrachteten Raumkurve. r ist die Länge des Radius der ersten Krümmung.*)

*) Der direkte Nachweis, daß r der Radius des Krümmungskreises ist, konnte hier unterbleiben.

Aus der Beziehung

$$\overline{\nu}\,\overline{\sigma} = r\frac{d^2\overline{x}}{dx^2}\frac{d\overline{x}}{dx} = \frac{1}{2}r\frac{d}{dx}\left(\frac{d\overline{x}}{dx}\frac{d\overline{x}}{dx}\right) = 0$$

schließen wir, daß $\overline{\nu}$ auf $\overline{\sigma}$ senkrecht steht.

$d\sigma$ ist der Kontingenzwinkel der Kurve. Die Ebene durch $\overline{\sigma}$ und $\overline{\nu}$ heißt die Schmiegungsebene derselben.

Die Komponenten

$$\nu_1 = r\frac{d^2 x_1}{dx^2}, \quad \nu_2 = r\frac{d^2 x_2}{dx^2}, \quad \nu_3 = r\frac{d^2 x_3}{dx^2}$$

sind die Cosinus der Winkel, welche die Hauptnormale der Kurve mit den festen Raumachsen einschließt.

14. Endlich betrachten wir einen dritten Einheitsvektor

$$\overline{\nu'} = \overline{\nu\sigma}.$$

Dieser steht auf der Tangente und der Hauptnormale senkrecht und seine Komponenten

$$\nu_1' = \nu_2\sigma_3 - \nu_3\sigma_2 \qquad \nu_2' = \nu_3\sigma_1 - \nu_1\sigma_3 \qquad \nu_3' = \nu_1\sigma_2 - \nu_2\sigma_1$$

sind die Cosinus der Winkel, welche die Binormale der doppelt gekrümmten Kurve mit den festen Raumachsen einschließt. Drei den Einheitsvektoren $\overline{\sigma}, \overline{\nu}, \overline{\nu'}$ parallel laufende, von einem beliebigen Punkte der Kurve ausgehende Strahlen bilden ein rechtwinkeliges Achsenkreuz, das man in der Mechanik vielfach benutzt.

II. Kinematik.

A. Der freie Punkt.

1. Bezeichnen wir die Zeit mit τ, dann stellt der Vektor

$$\bar{v} = \frac{d\bar{x}}{d\tau} = \dot{\bar{x}}$$

die Geschwindigkeit des Punktes $\bar{x}$ nach Richtung und

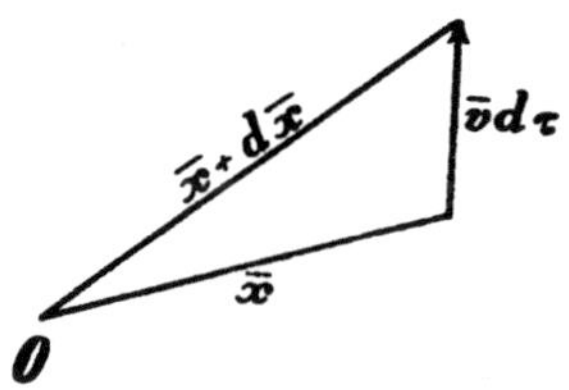

Fig. 4.

Größe dar. Es ist also:

$$v^2 = \left(\frac{d x_1}{d\tau}\right)^2 + \left(\frac{d x_2}{d\tau}\right)^2 + \left(\frac{d x_3}{d\tau}\right)^2.$$

Nach I., 12. fällt die Geschwindigkeit in die Tangente der Bahn.

2. Der Vektor

$$\bar{w} = \frac{d\bar{v}}{d\tau} = \frac{d^2\bar{x}}{d\tau^2}$$

definiert die Beschleunigung des Punktes $\bar{x}$.

3. Nach I., 12. und II., 1. ist

$$v \cdot \bar{\sigma} = \bar{v}$$

also

$$v \frac{d\overline{\sigma}}{d\tau} + \frac{dv}{d\tau} \cdot \overline{\sigma} = \overline{w}$$

oder nach I., 13:

$$\frac{v^2}{r} \overline{\nu} + \frac{dv}{d\tau} \cdot \overline{\sigma} = \overline{w}.$$

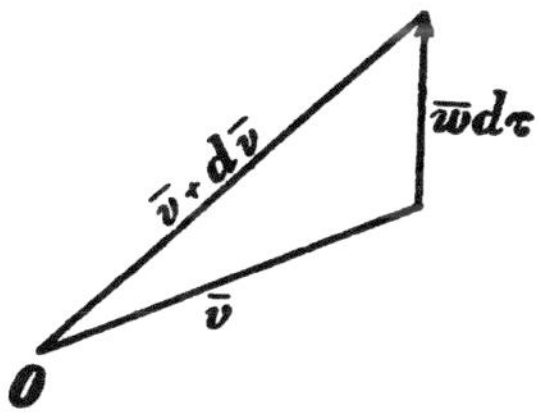

Fig. 5.

„Die Beschleunigung fällt ganz in die Schmiegungsebene der freien Bahn". (Euler.)

„Die Tangentialkomponente ist die Derivierte der Größe der Geschwindigkeit nach der Zeit". (Newton.)

„Die Normalkomponente ergiebt sich als das Verhältnis des Quadrats der Geschwindigkeit zu dem Radius der ersten Krümmung der Bahn". (Huyghens.)

B. Bewegung auf einer festen Fläche.

4. Die Gleichungen der Fläche setzen wir in der Parameterform:

$$x_1 = f_1(q_1, q_2), \quad x_2 = f_2(q_1, q_2), \quad x_3 = f_3(q_1, q_2)$$

voraus. Dann ist

$$\frac{dx_1}{d\tau} = \frac{\partial x_1}{\partial q_1} \cdot \frac{dq_1}{d\tau} + \frac{\partial x_1}{\partial q_2} \frac{dq_2}{d\tau}$$

$$\frac{dx_2}{d\tau} = \frac{\partial x_2}{\partial q_1} \cdot \frac{dq_1}{d\tau} + \frac{\partial x_2}{\partial q_2} \frac{dq_2}{d\tau}$$

$$\frac{dx_3}{d\tau} = \frac{\partial x_3}{\partial q_1} \cdot \frac{dq_1}{d\tau} + \frac{\partial x_3}{\partial q_2} \frac{dq_2}{d\tau}.$$

Diesen Formeln entspricht die Vektordarstellung

$$\overline{v} = \overline{\varepsilon}_1 \cdot \dot{q}_1 + \overline{\varepsilon}_2 \cdot \dot{q}_2 \ldots \qquad \text{(a)}$$

oder auch

$$d\overline{x} = \overline{\varepsilon}_1 \cdot dq_1 + \overline{\varepsilon}_2 \cdot dq_2 \ldots \qquad \text{(b)}$$

Man bilde nun die kinematische Größe:

$$E = \frac{1}{2} v^2 = \frac{1}{2} (\overline{\varepsilon}_1 \cdot \dot{q}_1 + \overline{\varepsilon}_2 \dot{q}_2)^2$$

d. h.:

$$E = \frac{1}{2}\left[\overline{\varepsilon_1}\,\overline{\varepsilon_1}\,\dot{q}_1^2 + 2\,\overline{\varepsilon_1}\,\overline{\varepsilon_2}\,\dot{q}_1\,\dot{q}_2 + \overline{\varepsilon_2}\,\overline{\varepsilon_2}\,\dot{q}_2^2\right],$$

oder

$$E = \frac{1}{2}\left[\gamma_{11}\,\dot{q}_1^2 + 2\,\gamma_{12}\,\dot{q}_1\,\dot{q}_2 + \gamma_{22}\,\dot{q}_2^2\right].$$

Hieraus folgt:

$$\frac{\partial E}{\partial \dot{q}_1} = \overline{\varepsilon_1}\,\overline{\varepsilon_1}\,\dot{q}_1 + \overline{\varepsilon_1}\,\overline{\varepsilon_2}\,\dot{q}_2 = \overline{\varepsilon_1}\,\overline{v} = p_1$$

$$\frac{\partial E}{\partial \dot{q}_2} = \overline{\varepsilon_1}\,\overline{\varepsilon_2}\,\dot{q}_1 + \overline{\varepsilon_2}\,\overline{\varepsilon_2}\,\dot{q}_2 = \overline{\varepsilon_2}\,\overline{v} = p_2\,.$$

Aus der Gleichung (b) erhält man für $q_2 = \text{Konst.} = c_2$

$$\overline{\varepsilon_1} = \frac{\partial \overline{x}}{\partial q_1}$$

und für $q_1 = \text{Konst.} = c_1$

$$\overline{\varepsilon_2} = \frac{\partial \overline{x}}{\partial q_2}.$$

$\overline{\varepsilon_1}$ und $\overline{\varepsilon_2}$ haben also bezw. die Richtung der Tangente an die Linie (cf. I., 12.).

$$x_1 = f_1(q_1, c_2),\; x_2 = f_2(q_1, c_2),\; x_3 = f_3(q_1, c_2)$$

oder an die Linie:

$$x_1 = f_1(c_1, q_2),\; x_2 = f_2(c_1, q_2),\; x_3 = f_3(c_1, q_2).$$

Aus den Größen

$$p_1 = \frac{\partial E}{\partial \dot{q}_1}, \qquad p_2 = \frac{\partial E}{\partial \dot{q}_2}$$

erhält man die Projektionen der Geschwindigkeit $\overline{v}$ auf diese Tangentenrichtungen:

$$v \cos\left(\overline{v}\,|\,\overline{\varepsilon_1}\right) = \frac{p_1}{\varepsilon_1}, \qquad v \cos\left(\overline{v}\,|\,\overline{\varepsilon_2}\right) = \frac{p_2}{\varepsilon_2}.$$

Der Winkel, welchen diese Richtungen miteinander einschließen, ist natürlich gegeben durch die Gleichung:

$$\cos(\bar{\varepsilon}_1|\bar{\varepsilon}_2) = \frac{\bar{\varepsilon}_1 \bar{\varepsilon}_2}{\varepsilon_1 \varepsilon_2} = \frac{\gamma_{12}}{\sqrt{\gamma_{11}\gamma_{22}}},$$

folgt also unmittelbar aus der Größe E.

5. Die Gleichungen

$$\bar{\varepsilon}_1 \bar{v} = p_1, \quad \bar{\varepsilon}_2 \bar{v} = p_2$$

führen durch Differentiation nach der Zeit τ zu den entsprechenden Beschleunigungsformeln.

Man erhält zunächst:

$$\bar{\varepsilon}_1 \frac{d\bar{v}}{d\tau} + \frac{d\bar{\varepsilon}_1}{d\tau} \cdot \bar{v} = \frac{dp_1}{d\tau}$$

$$\bar{\varepsilon}_2 \frac{d\bar{v}}{d\tau} + \frac{d\bar{\varepsilon}_2}{d\tau} \cdot \bar{v} = \frac{dp_2}{d\tau}$$

und hieraus

$$\bar{\varepsilon}_1 \bar{w} = \dot{p}_1 - \frac{d\bar{\varepsilon}_1}{d\tau} \cdot \bar{v}$$

$$\bar{\varepsilon}_2 \bar{w} = \dot{p}_2 - \frac{d\bar{\varepsilon}_2}{d\tau} \cdot \bar{v}.$$

Da der Ausdruck

$$d\bar{x} = \bar{\varepsilon}_1 dq_1 + \bar{\varepsilon}_2 dq_2$$

ein vollständiges Differential sein muß, so besteht die Bedingungsgleichung der Integrierbarkeit

$$\frac{\partial \bar{\varepsilon}_1}{\partial q_2} = \frac{\partial \bar{\varepsilon}_2}{\partial q_1}$$

und es wird

$$\frac{\partial \bar{v}}{\partial q_1} = \frac{\partial \bar{\varepsilon}_1}{\partial q_1} \cdot \dot{q}_1 + \frac{\partial \bar{\varepsilon}_2}{\partial q_1} \dot{q}_2 = \frac{\partial \bar{\varepsilon}_1}{\partial q_1} \dot{q}_1 + \frac{\partial \bar{\varepsilon}_1}{\partial q_2} \dot{q}_2$$

d. h.

$$\frac{\partial \bar{v}}{\partial q_1} = \frac{d\bar{\varepsilon}_1}{d\tau}.$$

Ebenso:

$$\frac{\partial \bar{v}}{\partial q_2} = \frac{\partial \bar{\varepsilon}_1}{\partial q_2} \dot{q}_1 + \frac{\partial \bar{\varepsilon}_2}{\partial q_2} \dot{q}_2 = \frac{\partial \bar{\varepsilon}_2}{\partial q_1} \dot{q}_1 + \frac{\partial \bar{\varepsilon}_2}{\partial q_2} \dot{q}_2$$

d. h.

$$\frac{\partial \overline{v}}{\partial q_2} = \frac{d \overline{\varepsilon_2}}{d \tau}.$$

Hiernach ist:

$$\overline{\varepsilon_1}\,\overline{w} = \dot{p}_1 - \frac{\partial \overline{v}}{\partial q_1}\,\overline{v} = \dot{p}_1 - \frac{\partial E}{\partial q_1}$$

$$\overline{\varepsilon_2}\,\overline{w} = \dot{p}_2 - \frac{\partial \overline{v}}{\partial q_2}\,\overline{v} = \dot{p}_2 - \frac{\partial E}{\partial q_2}$$

Die Projektionen der Beschleunigung $\overline{w}$ auf die in 4. erwähnten Tangentenrichtungen sind also:

$$w \cos(\overline{w}|\overline{\varepsilon_1}) = \frac{1}{\varepsilon_1}\left[\frac{dp_1}{dt} - \frac{\partial E}{\partial q_1}\right],$$

$$w \cos(\overline{w}|\overline{\varepsilon_2}) = \frac{1}{\varepsilon_2}\left[\frac{dp_2}{dt} - \frac{\partial E}{\partial q_2}\right].$$

6. Üblicherweise bezeichnet man die Größen $\overline{\varepsilon_1}\,\overline{v}$, $\overline{\varepsilon_2}\,\overline{v}$ bezw. $\overline{\varepsilon_1}\,\overline{w}$, $\overline{\varepsilon_2}\,\overline{w}$ als „allgemeine Komponenten" der Geschwindigkeit und der Beschleunigung (Lagrange).

C. Bewegung auf einer festen Kurve.

7. Aus den Gleichungen der Kurve:

$$x_1 = f_1(q), \quad x_2 = f_2(q), \quad x_3 = f_3(q)$$

kann man unmittelbar die Komponenten des Vektors $\overline{v}$:

$$\dot{x}_1 = \frac{\partial x_1}{\partial q} \cdot \dot{q}, \quad \dot{x}_2 = \frac{\partial x_2}{\partial q} \cdot \dot{q}, \quad \dot{x}_3 = \frac{\partial x_3}{\partial q} \cdot \dot{q}$$

ableiten. Setzt man noch $\dot{\overline{x}} = \overline{\varepsilon} \cdot \dot{q}$ und

$$E = \frac{1}{2} v^2 = \frac{1}{2} \varepsilon^2 \cdot \dot{q}^2,$$

dann wird:

$$v \cos(\overline{v}|\overline{\varepsilon}) = \frac{1}{\varepsilon} \frac{\partial E}{\partial \dot{q}} = \frac{p}{\varepsilon}.$$

Für den Vektor $\overline{w}$ erhält man wieder die Lagrangesche Darstellung:

$$w \cos(\overline{w}|\overline{\varepsilon}) = \frac{1}{\varepsilon}\left[\frac{dp}{d\tau} - \frac{\partial E}{\partial q}\right].$$

D. Die kinematischen Elementarvektoren in allgemeinen Raumkoordinaten.

8. Bei der freien Bewegung im Raume kann man die rechtwinkligen Koordinaten x_1, x_2, x_3 des Punktes als Funktionen von drei allgemeinen Koordinaten q_1, q_2, q_3 ausdrücken, indem man setzt:

$$x_1 = f_1(q_1, q_2, q_3), \qquad x_2 = f_2(q_1, q_2, q_3), \qquad x_3 = f_3(q_1, q_2, q_3).$$

Dann besteht für $\overline{v}$ der Ausdruck:

$$\overline{v} = \overline{\varepsilon}_1 \dot{q}_1 + \overline{\varepsilon}_2 \dot{q}_2 + \overline{\varepsilon}_3 \dot{q}_3,$$

und die Betrachtungen von II. B. ergeben für die „Komponenten" der Geschwindigkeit und der Beschleunigung unmittelbar die Resultate:

$$\overline{\varepsilon}_1 \overline{v} = \frac{\partial E}{\partial \dot{q}_1} = p_1, \quad \overline{\varepsilon}_2 \overline{v} = \frac{\partial E}{\partial \dot{q}_2} = p_3, \quad \overline{\varepsilon}_3 \overline{v} = \frac{\partial E}{\partial \dot{q}_3} = p_3,$$

sowie:

$$\overline{\varepsilon}_1 \overline{w} = \frac{dp_1}{d\tau} - \frac{\partial E}{\partial q_1}, \quad \overline{\varepsilon}_2 \overline{w} = \frac{dp_2}{d\tau} - \frac{\partial E}{\partial q_2}, \quad \overline{\varepsilon}_3 \overline{w} = \frac{dp_3}{d\tau} - \frac{\partial E}{\partial q_3}.$$

Derartige Transformationen werden in der Kinetik des freien Punktes zuweilen mit Vorteil benutzt.

E. Reduktion der kinematischen Elementarvektoren an gebundenen Systemen.

9. Sind zwei oder mehrere Punkte gegeneinander nicht mehr frei beweglich, so bilden sie ein unfreies oder gebundenes System.

10. Punkte, welche zu einem System verbunden sind, können sich physisch — d. h. durch ihre Masse — dauernd voneinander unterscheiden.

Masse ist das Substanzielle, welches den kleinsten Teil eines physikalischen Körpers (materieller Punkt) dauernd von einem geometrischen Punkte unterscheidet.

Zwei Massen (μ und μ') sind gleich, wenn sie gleiche Schwerdrücke ausüben.

Die Substanz eines Kubikzentimeters Wasser von 4° C. gilt als Masseneinheit ($\mu = 1$).

Das Produkt aus der momentanen Geschwindigkeit eines materiellen Punktes in seine Masse ($\mu\bar{v}$) wird als Massenmoment der Geschwindigkeit oder als Bewegungsgröße (Newton) dieses Punktes bezeichnet.

Das Produkt aus der momentanen Beschleunigung eines materiellen Punktes in seine Masse ($\mu\bar{w}$) wird als Massenmoment der Beschleunigung oder auch direkt als Massenbeschleunigung (Schell) dieses Punktes bezeichnet.

Die Massenmomente der Geschwindigkeit und der Beschleunigung eines materiellen Punktes sind Vektoren in bezug auf diesen Punkt. (Hertz.)

11. Die Vektoren $\mu\bar{v}$ und $\mu\bar{w}$ können im allgemeinen in bezug auf das System nicht mehr nach I., 1. geometrisch addiert werden — es ist vielmehr ein allgemeines kinematisches Additionsprinzip erforderlich. (Lagrange.)

Das geometrische Additionsprinzip (I., 1.) gilt im allgemeinen nur für Vektoren, welche sich auf denselben Punkt beziehen und dieser Auffassung entsprechend polygonal angeordnet werden können.

12. Das Lagrangesche Additionsprinzip verlangt die Kenntnis von zwei kinematischen Elementen in bezug auf jeden materiellen Punkt des Systems: nämlich die Kenntnis des betreffenden Massenmomentes des Vektors ($\mu\bar{v}$ oder $\mu\bar{w}$) und der zugehörigen virtuellen Verschiebung*) des Massenpunktes.

Wir bezeichnen die virtuelle Verschiebung eines Systempunktes $\bar{x}$ mit $\delta\bar{x}$ und setzen:

$$\delta\bar{x} = \bar{\varepsilon}_1 \delta q_1 + \bar{\varepsilon}_2 \delta q_2 + \ldots + \bar{\varepsilon}_\nu \delta q_\nu,$$

*) d. h. eine Verschiebung, welche der betreffende Punkt vermöge der Beschaffenheit des Systems erleiden kann.

so daß eine Lage des Systems durch die allgemeinen Koordinaten $q_1, q_2, \ldots, q_\nu$ bestimmt ist. Die Vektoren $\overline{\varepsilon_1}, \overline{\varepsilon_2}, \ldots, \overline{\varepsilon_\nu}$ sind dann Funktionen dieser Koordinaten. Unter diesen Voraussetzungen ist ferner:

$$d\delta q_\iota = \delta d q_\iota .$$

Man kann jedoch für die Darstellung der Verschiebungen zuweilen auch andere Größen wählen, welche diese kommutativen Bedingungen nicht erfüllen.

13. Die inneren Produkte $\mu \overline{v}\, \delta \overline{x}$ und $\mu \overline{w}\, \delta \overline{x}$ sind addierbar im Sinne der gewöhnlichen Arithmetik, und die Ausdrücke

$$\Sigma\, \mu \overline{v}\, \delta \overline{x}, \quad \text{sowie} \quad \Sigma\, \mu \overline{w}\, \delta \overline{x}$$

— wobei sich die Summationen auf alle materiellen Punkte des Systems erstrecken — sind lineäre Funktionen in bezug auf die δq. Es ist also:

$$\Sigma\, \mu \overline{v}\, \delta \overline{x} = p_1 \delta q_1 + p_2 \delta q_2 + \ldots + p_\nu \delta q_\nu$$

$$\Sigma\, \mu \overline{w}\, \delta \overline{x} = u_1 \delta q_1 + u_2 \delta q_2 + \ldots + u_\nu \delta q_\nu .$$

Hertz nennt die Größen $p_1, p_2, \ldots, p_\nu$ die Komponenten des Massenmomentes der Geschwindigkeit in bezug auf das ganze System und die Größen

$$p_1 : \Sigma\, \mu, \quad p_2 : \Sigma\, \mu, \quad \ldots, \quad p_\nu : \Sigma\, \mu$$

die Komponenten der Geschwindigkeit in bezug auf das System.

Die Größen $u_1, u_2, \ldots, u_\nu$ haben die analoge Bedeutung für den Beschleunigungszustand des Systems.

14. Für einen einzelnen Punkt von der Masse μ nennt man die Größe

$$E = \frac{1}{2} \mu v^2 = \frac{1}{2} \mu \dot{x}^2$$

die kinetische Energie (Rankine) dieses Punktes und die Summe

$$\mathsf{E} = \frac{1}{2} \Sigma\, \mu v^2 ,$$

über das ganze System ausgedehnt, die kinetische Energie des Systems.

Nun ist identisch:

$$\mu \dot{\bar{x}} \delta \bar{x} = \mu \dot{\bar{x}} \bar{\varepsilon}_1 \cdot \delta q_1 + \mu \dot{\bar{x}} \bar{\varepsilon}_2 \cdot \delta q_2 + \ldots + \mu \dot{\bar{x}} \bar{\varepsilon}_\nu \delta q_\nu$$
$$= \frac{\partial E}{\partial \dot{q}_1} \delta q_1 + \frac{\partial E}{\partial \dot{q}_2} \delta q_2 + \ldots + \frac{\partial E}{\partial \dot{q}_\nu} \delta q_\nu.$$

Folglich:

$$\Sigma \mu \dot{\bar{x}} \delta \bar{x} = \frac{\partial \mathsf{E}}{\partial \dot{q}_1} \delta q_1 + \frac{\partial \mathsf{E}}{\delta \dot{q}_2} \delta q_2 + \ldots + \frac{\partial \mathsf{E}}{\partial \dot{q}_\nu} \delta q_\nu,$$

oder nach II., 13.:

$$p_1 = \frac{\partial \mathsf{E}}{\partial \dot{q}_1}, \quad p_2 = \frac{\partial \mathsf{E}}{\partial \dot{q}_2}, \quad \ldots, \quad p_\nu = \frac{\partial \mathsf{E}}{\partial \dot{q}_\nu}.$$

Diese fundamentalen Gleichungen verdankt man Lagrange.

15. Zur Bestimmung der Größen $u_1, u_2, \ldots u_\nu$ benutzt man die Identität:

$$\mu \bar{w} \delta \bar{x} = \mu \ddot{\bar{x}} \delta \bar{x} = \frac{d}{d\tau} \mu \dot{\bar{x}} \delta \bar{x} - \mu \dot{\bar{x}} \delta \dot{\bar{x}}$$

oder

$$\Sigma \mu \bar{w} \delta \bar{x} = \frac{d}{d\tau} (S\, p_\iota \delta q_\iota) - \delta \mathsf{E},$$

wo

$$S\, p_\iota \delta q_\iota = p_1 \delta q_1 + p_2 \delta q_2 + \ldots + p_\nu \delta q_\nu$$

bedeutet.

Nun ist aber in analoger Bezeichnung:

$$\delta \mathsf{E} = S \frac{\partial \mathsf{E}}{\partial q_\iota} \delta q_\iota + S p_\iota \delta \dot{q}_\iota.$$

Folglich

$$\Sigma \mu \bar{w} \delta \bar{x} = S \left(\dot{p}_\iota - \frac{\partial \mathsf{E}}{\partial q_\iota} \right) \delta q_\iota$$

d. h. nach II., 13.:

$$u_\iota = \dot{p}_\iota - \frac{\partial \mathsf{E}}{\partial q_\iota}.$$

Diese Ausdrücke für die Komponenten der Systembeschleunigung wurden ebenfalls von Lagrange gefunden.

F. Die kinematischen Vektoren in bezug auf das starre System.

16. Ein **starres System** ist ein Teil des massiven Raumes. Die möglichen Bewegungen $\delta \bar{x}$ eines beliebigen Systempunktes ergeben sich deshalb unmittelbar aus der Anschauung.

Wir nehmen zunächst an, der starre Körper rotiere (Fig. 6) um eine Achse OA, und tragen die Amplitude der unendlich kleinen Rotation nach Größe und Richtung auf dieser Achse ab.*) Den entsprechenden Vektor bezeichnen wir mit $\delta \bar{\vartheta}$. Einen beliebigen Systempunkt P beziehen wir durch den Vektor $\bar{x}$ auf den Anfangspunkt O und fällen von P eine Senkrechte (PB) auf die Rotationsachse OA, welche die

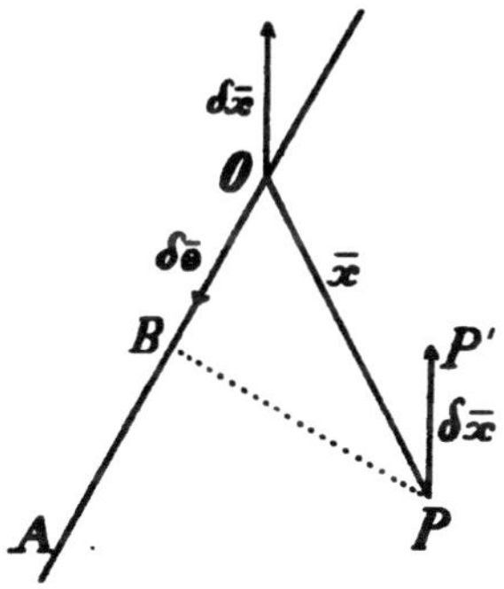

Fig. 6.

Länge $x \sin (\delta \bar{\vartheta} | \bar{x})$ hat. Da $\delta \bar{x}$ senkrecht auf den Strecken $\bar{x}$ und $\delta \bar{\vartheta}$ stehen muß, so erkennt man unmittelbar, daß

$$\delta \bar{x} = \overline{\delta \vartheta \cdot x}$$

ist.

Im allgemeinen hat der Punkt O noch eine unabhängige Translationsverschiebung $\delta \bar{c}$, wodurch

$$\delta \bar{x} = \delta \bar{c} + \overline{\delta \vartheta \cdot x}$$

wird.

*) Der Drehungssinn ist nach I. 3. und nach Figur 1 festgelegt.

Ist der Vektor des Punktes O nicht Null, wie wir bisher angenommen haben, dann erhält man für die allgemeinste virtuelle Verschiebung eines Punktes $(\overline{x})$ eines starren Systems den Ausdruck:

$$\delta \overline{x} = \delta \overline{c} + \overline{\delta \vartheta (x - c)}. \qquad \text{(Euler).}$$

Hieraus folgt unmittelbar der Ausdruck für die elementare Geschwindigkeit eines Systempunktes

$$\overline{v} = \dot{\overline{x}} = \dot{\overline{c}} + \overline{\omega (x - c)},$$

wenn $\overline{\omega} = \frac{d \overline{\vartheta}}{d \tau}$ gesetzt wird.

$\overline{\omega}$ ist die Winkelgeschwindigkeit des Systems um seine Momentanachse.

17. Für die kinetische Energie des starren Systems hat man den Ausdruck:

$$\mathsf{E} = \frac{1}{2} \Sigma \, \mu \left[\dot{\overline{c}} + \overline{\omega (x - c)} \right]^2.$$

Wir setzen hierin $\overline{x - c} = \overline{a}$, so daß der Vektor $\overline{a}$ sich wieder auf den Punkt O der Rotationsachse bezieht.

Die Ausführung des Quadrats ergibt:

$$\mathsf{E} = \frac{1}{2} \Sigma \, \mu \dot{c}^2 + \Sigma \, \mu \dot{\overline{c}} \, \overline{\omega a} + \frac{1}{2} \Sigma \, \mu \overline{\omega a}^2$$

oder nach I. 7.:

$$\mathsf{E} = \frac{1}{2} \mu^* \dot{c}^2 + \overline{\omega} \, \Sigma \, \mu \overline{a \dot{c}} + \frac{1}{2} \Sigma \, \mu \overline{\omega a}^2,$$

wo $\Sigma \, \mu = \mu^*$ gesetzt ist.

Setzt man noch

$$\Sigma \, \mu \overline{a} = \mu^* \overline{a^*},$$

so erkennt man sofort, daß $\overline{a^*}$ der Vektor des Schwerpunktes des Systems in bezug auf O darstellt.

Hiernach läßt sich E in die Form bringen:

$$\mathsf{E} = \frac{1}{2} \mu^* \dot{c}^2 + \mu^* \overline{\omega a^* \dot{c}} + \mathsf{E}_0,$$

worin

$$\mathsf{E}_0 = \frac{1}{2} \Sigma \, \mu \overline{\omega a}^2$$

die Energie der Rotationsbewegung ist. Nach I. 6. erhält man die explicite Form

$$\mathsf{E}_0 = \frac{1}{2}\Sigma\,\mu(\omega_2 a_3 - \omega_3 a_2)^2 + \frac{1}{2}\Sigma\,\mu(\omega_3 a_1 - \omega_1 a_3)^2 + \frac{1}{2}\Sigma\,\mu(\omega_1 a_2 - \omega_2 a_2)^2$$

oder

$$\mathsf{E}_0 = \frac{1}{2}\left[T_1\omega_1^2 + T_2\omega_2^2 + T_3\omega_3^2 - 2D_1\omega_2\omega_3 - 2D_2\omega_3\omega_1 - 2D_3\omega_1\omega_2\right],$$

wo zur Abkürzung

$$T_1 = \Sigma\,\mu(a_2^2 + a_3^2),\quad T_2 = \Sigma\,\mu(a_3^2 + a_1^2),\quad T_3 = \Sigma\,\mu(a_1^2 + a_2^2)$$
$$D_1 = \Sigma\,\mu a_2 a_3,\quad D_2 = \Sigma\,\mu a_3 a_1,\quad D_3 = \Sigma\,\mu a_1 a_2$$

gesetzt ist.

Die Komponenten a_1, a_2, a_3 des Vektors $\bar{a}$ sind hierbei auf Achsen bezogen, welche bei der Bewegung mit dem starren Körper fest verbunden bleiben.

Man nennt T_1, T_2, T_3 die Trägheitsmomente des Systems in bezug auf die Achsen der a_1, a_2, a_3 und D_1, D_2, D_3 die zugehörigen Deviationsmomente.

18. Um den Vektor des Massenmomentes der Geschwindigkeit in bezug auf das starre System zu gewinnen, hat man nur den Ausdruck

$$\Sigma\,\mu\bar{v}\delta\bar{x} = V$$

explicit darzustellen.

Nach II. 16. ist

$$V = \Sigma\,\mu\left(\dot{\bar{c}} + \overline{\omega a}\right)\left(\delta\bar{c} + \overline{\delta\vartheta a}\right)$$
$$= \left[\mu^*\dot{\bar{c}} + \mu^*\overline{\omega a^*}\right]\delta\bar{c} + \Sigma\,\mu\left[\dot{\bar{c}} + \overline{\omega a}\right]\overline{\delta\vartheta a}$$
$$= \mu^*\left(\dot{\bar{c}} + \overline{\omega a^*}\right)\delta\bar{c} + \left[\mu^*\overline{a^*\dot{c}} + \Sigma\,\mu\overline{a(\omega a)}\right]\delta\bar{\vartheta}.$$

Setzt man zur Abkürzung:

$$\bar{t} = \mu^*\left(\dot{\bar{c}} + \overline{\omega a^*}\right)$$
$$\bar{R} = \mu^*\overline{a^*\dot{c}} + \Sigma\,\mu\overline{a(\omega a)},$$

dann wird:

$$\Sigma \mu \overline{v} \delta \overline{x} = t_1 \delta c_1 + t_2 \delta c_2 + t_3 \delta c_3 + R_1 \delta \vartheta_1 + R_2 \delta \vartheta_2 + R_3 \delta \vartheta_3 = \overline{t} \delta \overline{c} + \overline{R} \delta \overline{\vartheta}.$$

„Das Massenmoment der Geschwindigkeit in bezug auf das starre System ist ein Vektor von sechs Komponenten ($t_1, t_2, t_3, R_1, R_2, R_3$), welcher sich auf die beiden Elementarvektoren $\overline{t}$ und $\overline{R}$ zurückführen läßt.“

Für $\overline{a}^* = 0$ reduziert sich der Vektor $\overline{t}$ auf die Bewegungsgröße des Schwerpunktes und $\overline{R}$ auf:

$$\overline{J} = \Sigma \mu \overline{a (\omega a)}.$$

Die rechtwinkligen Komponenten von $\overline{J}$ sind:

$$\left.\begin{aligned} J_1 &= T_1 \omega_1 - D_3 \omega_2 - D_2 \omega_3 = \frac{\partial \mathsf{E}_0}{\partial \omega_1} \\ J_2 &= T_2 \omega_2 - D_1 \omega_3 - D_3 \omega_1 = \frac{\partial \mathsf{E}_0}{\partial \omega_2} \\ J_3 &= T_3 \omega_3 - D_2 \omega_1 - D_1 \omega_2 = \frac{\partial \mathsf{E}_0}{\partial \omega_3} \end{aligned}\right\}$$

19. Die Komponenten des Vektors der Massenbeschleunigung in bezug auf ein starres System gehen aus der Gleichung

$$\Sigma \mu \overline{w} \delta \overline{x} = \overline{s} \delta \overline{c} + \overline{S} \cdot \delta \overline{\vartheta}$$

hervor und sind $s_1, s_2, s_3, S_1, S_2, S_3$, wenn man nach rechtwinkligen Achsen zerlegt.

Aus der Gleichung

$$\overline{v} = \dot{\overline{c}} + \overline{\omega (x - c)}$$

folgt durch Differentiation nach der Zeit:

$$\overline{w} = \ddot{\overline{c}} + \overline{\dot{\omega} (x - c)} + \overline{\omega (\dot{x} - \dot{c})}$$

oder:

$$\overline{w} = \ddot{\overline{c}} + \overline{\dot{\omega} (x - c)} + \overline{\omega [\omega (x - c)]}.$$

Nach I. 8., ist aber:

$$\overline{\omega [\omega (x - c)]} = (\overline{\omega} \cdot \overline{x - c}) \cdot \overline{\omega} - \omega^2 \cdot \overline{x - c},$$

so daß man für die Elementarbeschleunigung den Ausdruck

$$\overline{w} = \overline{\ddot{c}} + \overline{\dot{\omega} a} + (\overline{\omega}\,\overline{a}) \cdot \overline{\omega} - \omega^2 \cdot \overline{a}$$

erhält, wenn wieder $\overline{x - c} = \overline{a}$ gesetzt wird. Jetzt ist noch das Produkt $\overline{w}\delta\overline{x}$ auszuführen und die Summe

$$\Sigma\, \mu \overline{w}\delta\overline{x}$$

über das ganze System zu erstrecken. Die Ausführung dieser Rechnung ergibt:

$$\overline{s} = \mu^* \left[\overline{\ddot{c}} + \overline{\dot{\omega} a^*} + \overline{\omega(\omega a^*)}\right]$$

und

$$\overline{S} = \mu^* \overline{a^* \ddot{c}} + \Sigma\, \mu \overline{a(\dot{\omega} a)} + \Sigma\, \mu (\overline{\omega}\,\overline{a}) \cdot \overline{a \omega}$$

oder durch Einführung der Hilfsgröße (cf. II. 18.):

$$\overline{J} = \Sigma\, \mu \overline{a(\omega a)}$$

$$\overline{S} = \mu^* \overline{a^* \ddot{c}} + \frac{d\overline{J}}{d\tau} + \overline{\omega J}.$$

Denn man zieht aus:

$$\overline{J} = \Sigma\, \mu \overline{a(\omega a)}$$

nach I., 8.:

$$\overline{J} = \Sigma\, \mu \left[a^2 \overline{w} - (\overline{a}\,\overline{w})\,\overline{a}\right],$$

und daher:

$$\overline{\omega J} = - \Sigma\, \mu (\overline{a}\,\overline{\omega})\, \overline{\omega a},$$

$$= \Sigma\, \mu (\overline{a}\,\overline{\omega})\, \overline{a \omega}.$$

Für $\overline{a^*} = 0$ erhält man die einfachen Formeln:

$$\overline{s} = \mu^* \overline{\ddot{c}} \quad \text{und} \quad \overline{S} = \frac{d\overline{J}}{d\tau} + \overline{\omega J},$$

welche gewöhnlich benutzt werden. Doch kommt es gerade in den Anwendungen auf technische Probleme zuweilen vor, daß man den Rotationspunkt (O) nicht mit dem Schwerpunkt zusammenfallen lassen kann, also genötigt wird, auf die allgemeinen Beschleunigungsformeln zurückzugreifen.

G. Relative Bewegung eines freien Punktes in bezug auf ein rotierendes starres System.

20. Ein Punkt P bleibt in relativer Reihe in bezug auf ein rotierendes System, wenn er diesem System angehört. Seine **absolute** Geschwindigkeit wird in diesem speziellen Falle die „Führungsgeschwindigkeit" genannt. Die Geschwindigkeit in bezug auf das bewegte System ist die **relative** Geschwindigkeit. Im allgemeinen ist also die absolute Geschwindigkeit $\overline{\dot{x}}$ die geometrische Summe der Führungsgeschwindigkeit und der relativen Geschwindigkeit $\overline{\dot{z}}$. Besitzt das Bezugssystem um den festen Punkt O die Winkelgeschwindigkeit $\overline{\omega}$, dann ist die Führungsgeschwindigkeit $\overline{\omega z}$ und die absolute Geschwindigkeit

$$\overline{\dot{x}} = \overline{\dot{z}} + \overline{\omega z}.$$

21. Die vorstehende Formel gilt für die absolute Änderungsgeschwindigkeit eines **beliebigen Elementarvektors**, der in bezug auf ein mit der Winkelgeschwindigkeit ω rotierendes starres System, eine relative Änderung erfährt. Folglich ist auch:

$$\frac{d\overline{\dot{x}}}{d\tau} = \frac{d\overline{\dot{z}}}{d\tau} + \overline{\omega \dot{z}} + \overline{\omega(\dot{z} + \omega z)}.$$

Denn die **ganze** Änderung von $\overline{\dot{x}}$ setzt sich geometrisch zusammen aus der **relativen** Änderung:

$$\frac{d\overline{\dot{z}}}{d\tau} + \omega \overline{\dot{z}}$$

und aus der **Führungsänderung**:

$$\overline{\omega(\dot{z} + \omega z)}.$$

Also ist:

$$\frac{d^2 \overline{x}}{d\tau^2} = \frac{d^2 \overline{z}}{d\tau^2} + \overline{\omega(\omega z)} + 2\overline{\omega \dot{z}},$$

wobei die Rotation $\overline{\omega}$ als unveränderlich angesehen ist. Kann man diese Annahme nicht machen, dann wird:

$$\frac{d^2\overline{x}}{d\tau^2} = \frac{d^2\overline{z}}{d\tau^2} + \overline{\omega\dot{z}} + \overline{\dot{\omega}z} + \overline{\omega(\dot{z} + \omega z)}.$$

Es tritt also jetzt noch das Glied $\overline{\dot{\omega}z}$ hinzu. In der Regel kommt man mit der Formel:

$$\frac{d^2\overline{x}}{d\tau^2} = \frac{d^2\overline{z}}{d\tau^2} + \overline{f} + \overline{c},$$

in welcher $\overline{f} = \overline{\omega(\omega z)}$ die Führungsbeschleunigung, $\frac{d^2\overline{z}}{d\tau^2}$ die relative Beschleunigung und $\overline{c} = 2\overline{\omega\dot{z}}$ die zusammengesetzte Centripetalbeschleunigung bedeutet, aus. $\overline{c}$ wird auch zuweilen als Coriolisbeschleunigung bezeichnet.

Die Prinzipien der relativen Bewegung werden bei der theoretischen Behandlung der Fallgesetze in bezug auf den rotierenden Erdkörper, zur Untersuchung der Rollbewegung starrer Körper, sowie in der Kinetik der aus starren Gliedern zusammengesetzten Gelenkketten und der elastischen Systeme benutzt. Sie sind also auch für die Anwendungen der Mechanik auf technische Probleme von großer Bedeutung. Endlich sind sie auch als Ausgangspunkt vieler Sätze der geometrischen Kinematik mit Vorteil verwendet worden. (Résal, Königs.)

III. Dynamik.

Die Dynamik ist die Lehre von den Kräften und den durch sie hervorgebrachten Bewegungzuständen. Sie zerfällt in Statik, Kinetik und Kinetostatik.

Die Statik beschäftigt sich mit der Reduktion der Elementarkräfte, d. h. mit der Bestimmung der Komponenten der Systemkräfte, welche im allgemeinen nicht mehr den Charakter von Elementarvektoren (Strecken) haben.

Die Kinetik behandelt den Bewegungsprozeß — im allgemeinen Sinne — welcher gegebenen Kräftesystemen entspricht.

In der Kinetostatik werden die inneren Spannungen, sowie die Reaktionen in den Gelenken und Lagern bewegter Systeme betrachtet. Sie ist ein wichtiges Glied der Maschinenmechanik.

a) Statik.

1. Die Massenbeschleunigung ($\mu \overline{w}$) faßte man schon in den ersten Entwicklungsstadien der Mechanik als durch eine äußere Ursache veranlaßt auf, und diese Anschauung erhielt durch die Ausbildung der Gravitationstheorie (Newton) eine wesentliche Stütze.

In diesem Sinne kann man jeden Vektor, welcher mit einer Bewegungsgröße $\mu \overline{v}$ oder mit einer Massenbeschleunigung $\mu \overline{w}$ gleichartig ist, Kraft nennen, insofern eine Außenwirkung (Geschwindigkeit erzeugende bezw. beschleunigende) auf den freien materiellen Punkt von der Masse μ in Betracht kommt.

Man bezeichnet insbesondere den Vektor

$$\overline{h} = \mu \overline{v}$$

als „elementare Momentankraft" und den Vektor

$$\overline{k} = \mu \overline{w}$$

als „elementare zeitlich wirkende Kraft" (Hertz).

Die Zusammensetzung von Kräften, welche an demselben Punkte wirken, erfolgt nach der Regel der geometrischen Addition (I., 1.).

Für die Zusammensetzung der Kräfte an einem System hat man dasselbe Prinzip (II., 12. und 13.) angewendet, welches für die ihnen gleichartigen kinematischen Größen $\mu \overline{v}$ und $\mu \overline{w}$ adoptiert wurde.

Die Größen $\overline{h} \cdot \delta \overline{x}$ und $\overline{k} \cdot \delta \overline{x}$ werden virtuelle Arbeiten für die Kräfte $\overline{h}$ und $\overline{k}$ genannt. Deshalb bezeichnet man die den kinematischen vollständig analog gebildeten statischen (dynamischen) Additionsregeln:

$$\Sigma \overline{h} \cdot \delta \overline{x} = \mathrm{h}_1 \delta q_1 + \mathrm{h}_2 \delta q_2 + \ldots + \mathrm{h}_n \delta q_n$$
$$\Sigma \overline{k} \cdot \delta \overline{x} = \mathrm{k}_1 \delta q_1 + \mathrm{k}_2 \delta q_2 + \ldots + \mathrm{k}_n \delta q_n ,$$

welche das ganze System der Elementarkräfte auf soviele Komponenten ($\mathrm{h}_1, \mathrm{h}_2, \ldots \mathrm{h}_n$ bezw. $\mathrm{k}_1, \mathrm{k}_2, \ldots \mathrm{k}_n$) zurückführen, als dem materiellen Systeme Freiheitsgrade zukommen, als „Prinzip der virtuellen Arbeiten".

Die theoretische Mechanik ist in ihrem Entwicklungsprozeß zu dieser allgemeinen Auffassung der Kräftereduktion allmählich (Galilei, Joh. Bernoulli, Lagrange) durch immer umfassendere Induktionen gelangt und hat auf jeder Ausbildungsstufe sorgfältig darauf geachtet, daß die Folgerungen aus diesem allgemeinen Additionsprinzip für spezielle Systeme (Hebel, starres System) mit den bereits anerkannten elementaren Reduktionsregeln (Satz vom Hebel, der schiefen Ebene, Flaschenzug, Seilpolygone) vollständig übereinstimmten.

A. Kräftereduktion am starren System.

2. Da die Reduktion für Momentankräfte und zeitlich wirkende Kräfte dieselbe ist, so wollen wir der Gewohnheit gemäß nur die letzeren in den Gleichungen einführen und

die Sätze dementsprechend ausdrücken. Auch an massive starre Systeme brauchen wir hier nicht zu denken, da der Massenbegriff in die Statik nicht unmittelbar eingreift.

Nach II., 16. ist für starre Systeme $\delta\bar{x} = \delta\bar{c} + \overline{\delta\bar{\vartheta}\cdot x}$, also

$$\Sigma\,\bar{k}\,\delta\bar{x} = \delta\bar{c}\cdot\Sigma\,\bar{k} + \Sigma\,\bar{k}\,\overline{\delta\bar{\vartheta}\cdot x}$$

oder nach I., 8.:

$$\Sigma\,\bar{k}\,\delta\bar{x} = \delta\bar{c}\cdot\Sigma\,\bar{k} + \delta\bar{\vartheta}\cdot\Sigma\,\overline{xk}.$$

Setzen wir noch

$$\Sigma\,\bar{k} = \bar{\mathsf{k}} \text{ und } \Sigma\,\overline{xk} = \overline{\mathsf{M}},$$

so nimmt die Reduktionsgleichung die Form an:

$$\Sigma\,\bar{k}\,\delta\bar{x} = \bar{\mathsf{k}}\cdot\delta\bar{c} + \overline{\mathsf{M}}\cdot\delta\bar{\vartheta}.$$

k_1, k_2, k_3, M_1, M_2, M_3 sind die sechs Komponenten des dynamischen Vektors in bezug auf das freie starre System. Dieser Systemvektor zerfällt also hier in zwei Strecken $\bar{\mathsf{k}}$ und $\overline{\mathsf{M}}$, welche man gewöhnlich die Resultantkraft und das Moment der Elementarkräfte nennt. Der Vektor $\overline{\mathsf{M}}$ ändert je nach der Wahl des Bezugspunktes O, für welchen das Moment gebildet ist, Richtung und Größe.

3. Setzt man $\bar{x} = \bar{a} + \bar{x}'$ indem man das Centrum des Momentes um die Strecke $\bar{a}$ verschiebt, dann wird das neue Moment:

$$\Sigma\,\overline{x'k} = \Sigma\,\overline{(x-a)k} = \Sigma\,\overline{xk} - \overline{a\mathsf{k}}$$

also

$$\overline{\mathsf{M}'} = \overline{\mathsf{M}} - \overline{a\mathsf{k}}.$$

Wir wollen $\overline{\mathsf{M}'} = \lambda\cdot\bar{\mathsf{k}}$ setzen, also den Ort des Punktes O' so wählen, daß die Richtung des resultierenden

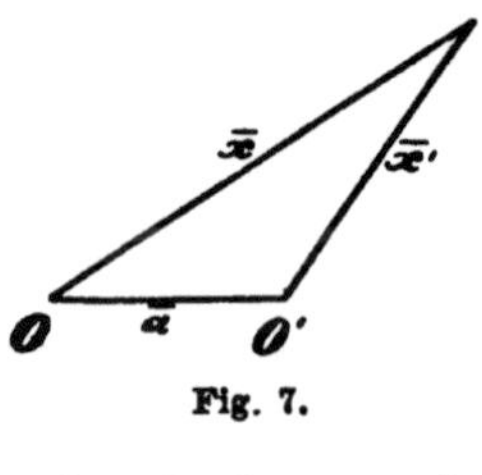

Fig. 7.

Momentes $(\overline{\mathsf{M}'})$ mit der Richtung der Resultantkraft zusammenfällt. Dann ist

$$\overline{\lambda k} = \overline{M} - \overline{a k}$$

oder

$$0 = \overline{kM} - \overline{k(ak)}.$$

Dies ist die Gleichung einer geraden Linie für den Ort des Reduktionspunktes O', welche man die Centralachse des Kräftesystems nennt.

Um die Gleichung der Centralachse in der Form I. 11. zu erhalten, setze man

$$\overline{kM} = k^2 \cdot \bar{c},$$

wodurch dieselbe zunächst die Form

$$k^2 \cdot \bar{c} - k^2 \cdot \bar{a} + (\overline{k\,a})\, k = 0$$

annimmt. Hieraus folgt unmittelbar

$$\overline{k(a - c)} = 0.$$

4. Wenn man will, kann man alle Elementarkräfte, welche das Moment $\overline{M}$ erzeugen, durch zwei parallele und entgegengesetzt gerichteten Kräfte $\bar{k}$ und $\bar{k}'$ ersetzen, deren Angriffspunkte von O durch die Vektoren $\bar{a}$ und $-\bar{a}$ bestimmt sind. In diesem Falle ist

$$\overline{M} = \overline{ak} + \overline{(-a)(-k)} = \overline{2a \cdot k}$$

also

$$M = 2ak.$$

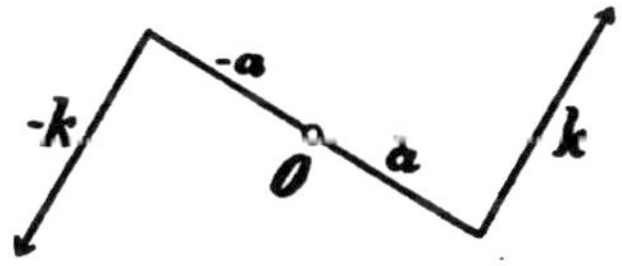

Fig. 8.

Eine derartige dynamische Kombination nennt man ein Kräftepaar, a den Arm desselben. Seine Ebene muß auf $\overline{M}$ senkrecht stehen (Poinsot).

5. Ein System von Elementarkräften ist an einem beliebigen materiellen System im Gleichgewicht, wenn alle Komponenten des dynamischen Vektors in bezug auf dieses System verschwinden.

„Am starren System halten sich Elementarkräfte das Gleichgewicht, wenn sowohl ihre Resultantkraft $(\overline{\mathsf{k}})$ als auch das resultierende Kräftepaar verschwindet.“ Denn die Bedingungen des Gleichgewichts sind:

$$\overline{\mathsf{k}} = 0 \quad \text{und} \quad \overline{\mathsf{M}} = 0\,.$$

6. Setzen wir in dem Ausdruck

$$\overline{\mathsf{M}} = \Sigma\, \overline{xk}$$
$$\overline{x} = \overline{x}' + \lambda \cdot \overline{k}\,,$$

sodaß also $\overline{k\,(x' - x)} = 0$ wird, dann geht derselbe über in

$$\overline{\mathsf{M}} = \Sigma\, \overline{x'k} + \lambda\, \Sigma\, \overline{kk}$$

d. h.

$$\Sigma\, \overline{x'k} = \Sigma\, \overline{xk}\,.$$

„Werden am starren System alle oder einzelne Elementarkräfte so verschoben, daß jeder Angriffspunkt in der Geraden der betreffenden Kraft bleibt, dann erfolgt keine Störung des Gleichgewichts, wenn dasselbe vor der Verschiebung bestand.“

7. Besonders einfach gestaltet sich die Kräftereduktion in der Ebene ($x_3 = 0$, $k_3 = 0$). Denn in diesem Falle ist das Moment

$$\overline{\mathsf{M}} = \Sigma\, \overline{xk}$$

und die Verschiebung des Reduktionspunktes um die Strecke $\overline{a}$, welche der Substitution $\overline{x} = \overline{a} + \overline{x}'$ entspricht, gibt:

$$\mathsf{M}' = \mathsf{M} - (a_1\, \mathsf{k}_2 - a_2\, \mathsf{k}_1)\,,$$

wenn wieder

$$\Sigma\, k_1 = \mathsf{k}_1 \quad \text{und} \quad \Sigma\, k_2 = \mathsf{k}_2$$

gesetzt wird.

Die Bedingung $\mathsf{M}' = 0$ oder $a_1\, \mathsf{k}_2 - a_2\, \mathsf{k}_1 = 0$ liefert für den Ort desjenigen Reduktionspunktes O', für welchen das Kräftepaar verschwindet, eine Gerade in dieser Ebene („Centrallinie“), wenn nicht $\mathsf{k}_1 = 0$ und $\mathsf{k}_2 = 0$ wird. Im allgemeinen Falle reduzieren sich also alle Kräfte auf eine Resultantkraft $\overline{\mathsf{k}}$, im letzteren auf ein Kräftepaar.

8. Die Reduktion eines Systems paralleler Elementarkräfte

$$\lambda \cdot \overline{k},\ \lambda' \cdot \overline{k},\ \ldots,\ \lambda^{(\nu)} \cdot \overline{k}$$

ergibt:

$$\overline{\mathsf{k}} = [\lambda + \lambda' + \ldots + \lambda^{(\nu)}] \cdot \overline{k} = \Sigma\, \lambda \cdot \overline{k}$$

und

$$\overline{\mathsf{M}} = \Sigma\, \lambda \cdot \overline{xk}.$$

Die Substitution $\overline{x} = \overline{a} + \overline{x'}$ liefert:

$$\overline{\mathsf{M}'} = \Sigma\, \lambda\, \overline{(x - a)k}.$$

Setzt man

$$\Sigma\, \lambda \overline{x} = \overline{x^*} \cdot \Sigma\, \lambda,$$

so wird das Moment in bezug auf den Punkt $\overline{a}$:

$$\overline{\mathsf{M}'} = \Sigma\, \lambda \cdot \overline{(x^* - a)k},$$

verschwindet also für $\overline{a} = \overline{x^*}$.

Der Punkt $\overline{x^*}$ wird als Mittelpunkt der parallelen Kräfte bezeichnet. Das ganze System der Elementarkräfte reduziert sich für denselben auf die Resultante $\overline{\mathsf{k}}$, indem das Moment (also auch das resultierende Kräftepaar) verschwindet. $\Sigma\, \lambda$ wird hierbei als von Null verschieden vorausgesetzt.

9. Wenn ein starres System einen festen Punkt C hat, dann übt das Kräftesystem auf denselben eine Reaktion $\overline{\mathsf{r}}$ aus. Die Gleichgewichtsbedingungen geben

$$\overline{\mathsf{r}} + \Sigma\, \overline{k} = 0,$$

woraus

$$\overline{\mathsf{r}} = -\Sigma\, \overline{k}$$

folgt.

10. Ein starres System kann auch zwei feste Punkte mit den Koordinaten $(0, 0, a)$ und $(0, 0, b)$ besitzen. Die betreffenden Reaktionen seien $\overline{\mathsf{r}}$ und $\overline{\mathsf{s}}$. In diesem Falle bestehen die Gleichungen:

$$\mathsf{r}_1 + \mathsf{s}_1 + \mathsf{k}_1 = 0, \qquad \mathsf{r}_2 + \mathsf{s}_2 + \mathsf{k}_2 = 0, \qquad \mathsf{r}_3 + \mathsf{s}_3 + \mathsf{k}_3 = 0,$$

$$-a\mathsf{r}_2 - b\mathsf{s}_2 + \mathsf{M}_1 = 0, \qquad a\mathsf{r}_1 + b\mathsf{s}_1 + \mathsf{M}_2 = 0, \qquad \mathsf{M}_3 = 0.$$

Die Größen $\overline{\mathsf{k}}$ und $\overline{\mathsf{M}}$ haben die bisherige Bedeutung. Aus den Gleichgewichtsbedingungen folgt:

$$\mathsf{r}_1 = \frac{b\,\mathsf{k}_1 - \mathsf{M}_2}{a - b}, \qquad \mathsf{r}_2 = \frac{b\,\mathsf{k}_2 - \mathsf{M}_1}{a - b},$$

$$\mathsf{s}_1 = \frac{a\,\mathsf{k}_1 - \mathsf{M}_2}{b - a}, \qquad \mathsf{s}_2 = \frac{a\,\mathsf{k}_2 - \mathsf{M}_1}{b - a}$$

und

$$\mathsf{r}_3 + \mathsf{s}_3 = -\,\mathsf{k}_3.$$

11. Den Fall eines in drei Punkten gestützten Körpers wollen wir noch unter der speziellen Voraussetzung

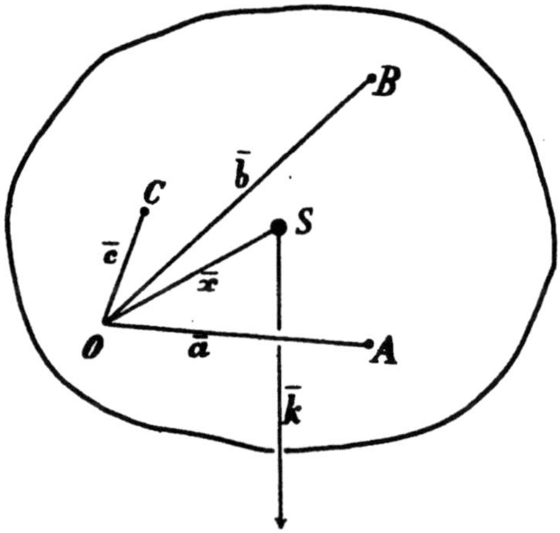

Fig. 9.

durchführen, daß nur eine Kraft $\overline{k}$ senkrecht zur Ebene der Stützpunkte wirkt (Tisch auf drei Beinen).

Die Gleichgewichtsbedingungen sind jetzt:

$$1)\qquad r_1 + s_1 + t_1 = 0,$$

$$2)\qquad r_2 + s_2 + t_2 = 0,$$

$$3)\qquad r_3 + s_3 + t_3 + k = 0,$$

$$4)\qquad a_2 r_3 + b_2 s_3 + c_2 t_3 + x_2 k = 0,$$

$$5)\qquad a_1 r_3 + b_1 s_3 + c_1 t_3 + x_1 k = 0,$$

wenn die Vektoren der Stützpunkte mit $\overline{a}$, $\overline{b}$, $\overline{c}$ und die betreffenden Reaktionen mit $\overline{r}$, $\overline{s}$, $\overline{t}$ bezeichnet werden. Aus den Gleichungen 3), 4), 5) erhält man unmittelbar:

$$D \cdot r_3 = -\begin{vmatrix} x_1 & b_1 & c_1 \\ x_2 & b_2 & c_2 \\ 1 & 1 & 1 \end{vmatrix} \cdot k,$$

$$D \cdot s_3 = -\begin{vmatrix} a_1 & x_1 & c_1 \\ a_2 & x_2 & c_2 \\ 1 & 1 & 1 \end{vmatrix} \cdot k,$$

$$D \cdot t_3 = -\begin{vmatrix} a_1 & b_1 & x_1 \\ a_2 & b_2 & x_2 \\ 1 & 1 & 1 \end{vmatrix} \cdot k,$$

wo zur Abkürzung

$$D = \begin{vmatrix} a_1 & b_1 & c_1 \\ a_2 & b_2 & c_2 \\ 1 & 1 & 1 \end{vmatrix}$$

gesetzt ist. Diese Resultate gestatten eine naheliegende geometrische Interpretation.

12. Ein Kräftesystem am starren Körper ist im astatischen Gleichgewicht, wenn ihr Moment Null bleibt, sobald derselbe eine kleine Drehung erleidet, während die Elementarkräfte — an ihren ursprünglichen Angriffspunkten haftend — keine Richtungs- und Größenänderung erleiden (d. h. stationär bleiben).

Die Bedingung der Astasie eines im Gleichgewicht befindlichen Kräftesystems ist also:

$$\delta \overline{\mathsf{M}} = \Sigma\, \overline{\delta x \cdot k} = 0$$

oder

$$\Sigma\, \overline{(\delta\vartheta \cdot x) k} = 0.$$

Die Summe

$$\Sigma \left[(\overline{x}\,\overline{k})\, \delta\overline{\vartheta} - (\overline{k} \cdot \overline{\delta\vartheta})\, \overline{x} \right]$$

muß also für jeden Wert von $\delta\overline{\vartheta}$ verschwinden, so daß

$$\Sigma(x_1 k_1 + x_2 k_2 + x_3 k_3)\delta\vartheta_1 - \Sigma(k_1\delta\vartheta_1 + k_2\delta\vartheta_2 + k_3\delta\vartheta_3)x_1 = 0$$
$$\Sigma(x_1 k_1 + x_2 k_2 + x_3 k_3)\delta\vartheta_2 - \Sigma(k_1\delta\vartheta_1 + k_2\delta\vartheta_2 + k_3\delta\vartheta_3)x_2 = 0$$
$$\Sigma(x_1 k_1 + x_2 k_2 + x_3 k_3)\delta\vartheta_3 - \Sigma(k_1\delta\vartheta_1 + k_2\delta\vartheta_2 + k_3\delta\vartheta_3)x_3 = 0$$

wird.

Gewöhnlich setzt man zur Abkürzung:

$$\Sigma\, x_v k_n = A_{vn}$$

und erhält:

$$(A_{22} + A_{33})\delta\vartheta_1 - A_{12}\delta\vartheta_2 - A_{13}\delta\vartheta_3 = 0$$
$$- A_{21}\delta\vartheta_1 + (A_{33} + A_{11})\delta\vartheta_2 - A_{23}\delta\vartheta_3 = 0$$
$$- A_{31}\delta\vartheta_1 + A_{32}\delta\vartheta_2 + (A_{11} + A_{22})\delta\vartheta_3 = 0.$$

Wegen $\overline{\mathsf{M}} = 0$ ist $A_{nv} = A_{vn}$. Die Bedingungen des astatischen Gleichgewichts sind also:

$$A_{22} + A_{33} = 0, \qquad A_{12} = 0, \qquad A_{13} = 0$$
$$A_{33} + A_{12} = 0, \qquad A_{23} = 0$$
$$A_{11} + A_{22} = 0.$$

B. Reduktion der Elementarkräfte an der Stabkette mit Kugel- oder Cylindergelenken.

13. Mehrere starre Körper (Stäbe) sollen durch Kugelgelenke miteinander zu einer einfachen Kette verbunden sein. In dem ersten Körper G' nehmen wir einen beliebigen Punkt C' an und beziehen denselben auf einen festen Bezugspunkt O im Raume durch den Vektor $\overline{OC'} = \overline{c}'$. Für die übrigen Gelenke gelten ganz analoge Bezeichnungen. C'' ist der Mittelpunkt des ersten Kugelgelenkes, in welches der Körper G'' eingreift. P', P'' u. s. w. sind beliebige Massenpunkte der betreffenden Gelenke, an welchen Kräfte $\overline{k}'$, $\overline{k}''$, ... angreifen. In C' und den darauf folgenden Gelenkpunkten C'', C''' etc. wirken die Kräfte $\overline{g}'$, $\overline{g}''$, $\overline{g}'''$ etc. Die übrigen Bezeichnungen sind ohne weiteres aus Figur 10 verständlich.

Für die virtuellen Verschiebungen bestehen nun offenbar die kinematischen Grundgleichungen (II., 16.):

$$\delta\bar{x}' = \delta\bar{c}' + \overline{\delta\vartheta'(x'-c')}, \qquad \delta\bar{c}'' = \delta\bar{c}' + \overline{\delta\vartheta'(c''-c')},$$

$$\delta\bar{x}'' = \delta\bar{c}'' + \overline{\delta\vartheta''(x''-c'')}, \qquad \delta\bar{c}''' = \delta\bar{c}'' + \overline{\delta\vartheta''(c'''-c'')},$$

. . . .

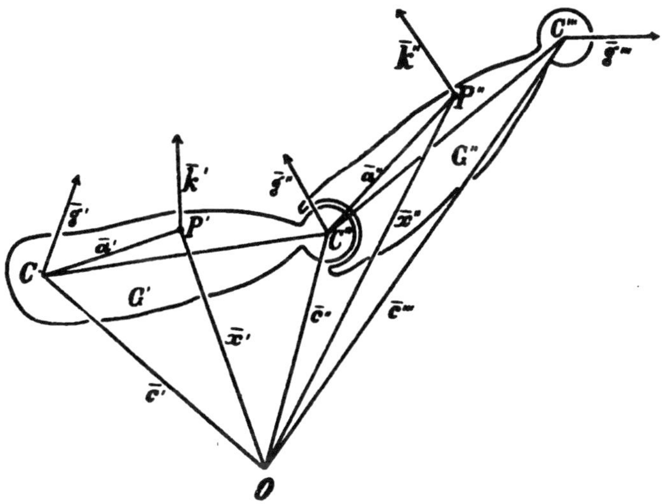

Fig. 10.

14. Das Lagrangesche Reduktionsprinzip (III. a. 1.) gibt im gegenwärtigen Falle die Ansatzgleichung:

$$\Sigma'\,\bar{k}'\delta\bar{x}' + \Sigma''\,\bar{k}''\delta\bar{x}'' + \dots + \Sigma^{(n)}\,\bar{k}^{(n)}\delta\bar{x}^{(n)}$$

$$+\,\bar{g}'\delta\bar{c}' + \bar{g}''\delta\bar{c}'' + \dots + \bar{g}^{(n)}\delta\bar{c}^{(n)} + \bar{g}^{(n+1)}\delta\bar{c}^{(n+1)}$$

$$= \bar{t}'\delta\bar{c}' + \bar{R}'\delta\bar{\vartheta}' + \bar{R}''\delta\bar{\vartheta}'' + \dots + \bar{R}^{(n)}\delta\bar{\vartheta}^{(n)},$$

wenn die Kette aus n Gliedern besteht. Die Summenzeichen Σ', Σ'', ... beziehen sich auf alle Elementarkräfte der aufeinander folgenden Glieder mit Ausnahme derjenigen, welche im Anfangspunkte, in den Gelenkcentren und in einem willkürlich gewählten Schlußpunkte des letzten Gliedes wirken.

Führt man die Ausdrücke für die virtuellen Verschiebungen in die letzte Gleichung ein, dann erhält man nach Ordnung der Glieder:

$$\overline{t'} = \overline{\mathsf{k}'} + \overline{\mathsf{k}''} + \ldots + \overline{\mathsf{k}^{(n)}} + \overline{g'} + \overline{g''} + \ldots + \overline{g^{(n)}} + \overline{g^{(n+1)}}$$

$$\overline{R'} = \overline{\mathsf{M}_k'} + \overline{(c''-c')(\mathsf{k}''+\mathsf{k}'''+\ldots+\mathsf{k}^{(n)})}$$
$$+ \overline{(c''-c')(g''+g'''+\ldots+g^{(n+1)})}$$

$$\overline{R''} = \overline{\mathsf{M}_k''} + \overline{(c'''-c'')(\mathsf{k}'''+\mathsf{k}^{IV}+\ldots+\mathsf{k}^{(n)})}$$
$$+ \overline{(c'''-c'')(g'''+g^{IV}+\ldots+g^{(n+1)})}$$

. . . .

$$\overline{R^{(n-1)}} = \overline{\mathsf{M}_k^{(n-1)}} + \overline{(c^{(n)}-c^{(n-1)})\,\mathsf{k}^{n}} + \overline{(c^{(n)}-c^{(n-1)})(g^{(n)}+g^{(n+1)})}$$

$$\overline{R^{(n)}} = \overline{\mathsf{M}_k^{(n)}} + \overline{(c^{(n+1)}-c^{(n)})\,g^{(n+1)}}.$$

Hierin ist zur Abkürzung

$$\Sigma'\,\overline{k'} = \overline{\mathsf{k}'},\ \Sigma''\,\overline{k''} = \overline{\mathsf{k}''}, \ldots \Sigma^{(n)}\overline{k^{(n)}} = \overline{\mathsf{k}^{(n)}}$$

und

$$\Sigma'\,\overline{a'k'} = \overline{\mathsf{M}_k'},\ \Sigma''\,\overline{a''k''} = \overline{\mathsf{M}_k''}, \ldots \Sigma^{(n)}\,\overline{a^{(n)}k^{(n)}} = \overline{\mathsf{M}_k^{(n)}}$$

gesetzt.

Die Vektoren $\overline{t'}, \overline{R'}, \overline{R''}, \ldots, \overline{R^{(n)}}$, welche in $3\,(n+1)$ zu einander rechtwinklige Komponenten zerfallen, bestimmen den Vektor der Kraft in bezug auf das System vollständig.

$$\overline{t'} = 0,\ \overline{R'} = 0,\ \overline{R''} = 0, \ldots \overline{R^{(n)}} = 0$$

enthalten demnach die expliciten Gleichgewichtsbedingungen des Systems.

15. Man kann sich die Punkte C' und $C^{(n+1)}$ durch Kugellager gestützt denken. In diesem Falle sind $\overline{g'}$ und $\overline{g^{(n+1)}}$ die Stützreaktionen, welche aus den obigen Gleichgewichtsbedingungen bestimmt werden können.

Bei den meisten Gelenkketten sind die Verbindungen durch cylindrische Lager und Zapfen oder durch Cardanische Gelenke gegeben, da Kugellager ungleich schwieriger auszuführen sind. Der besondere Fall der ebenen Beweglichkeit ist in dem oben ausgeführten allgemeinen enthalten.

C. Reduktion der Gelenkkräfte am Seilpolygon.

16. Gewöhnlich betrachtet man — in der theoretischen Mechanik — die Kettenglieder als gewichtlose Stäbe oder Seile und läßt keine Kräfte auf dieselben wirken, behält aber die Gelenkkräfte $\overline{g'}, \overline{g''} \ldots \overline{g^{(n+1)}}$ bei. Dann ist:

$$\bar{t}' = \bar{g}' + \bar{g}'' + \ldots + \bar{g}^{(n+1)},$$

$$\bar{R}' = \overline{(c'' - c')(g'' + g''' + \ldots + g^{(n+1)})},$$

$$\bar{R}'' = \overline{(c''' - c'')(g''' + g^{IV} + \ldots + g^{(n+1)})},$$

$$\cdot \quad \cdot \quad \cdot \quad \cdot \quad \cdot \quad \cdot \quad \cdot \quad \cdot \quad \cdot \quad \cdot \quad \cdot \quad \cdot \quad \cdot \quad \cdot \quad \cdot$$

$$\bar{R}^{(n)} = \overline{(c^{(n+1)} - c^{(n)})\, g^{(n+1}}.$$

Nach Ausführung der Kräftereduktion an diesem reduzierten System erhalten die Gleichgewichtsbedingungen die Form:

$$\left.\begin{array}{r}\bar{k}' + \bar{k}'' + \ldots + \bar{k}^{(n)} + \bar{k}^{(n+1)} = 0 \\ \overline{(x'' - x')(k'' + k''' + \ldots + k^{(n+1)})} = 0 \\ \overline{(x''' - x'')(k''' + k^{IV} + \ldots + k^{(n+1)})} = 0 \\ \cdot \quad \cdot \quad \cdot \quad \cdot \quad \cdot \quad \cdot \quad \cdot \quad \cdot \quad \cdot \quad \cdot \quad \cdot \quad \cdot \quad \cdot \\ \overline{(x^{(n+1)} - x^{(n)})\, k^{(n+1)}} = 0,\end{array}\right\}$$

wenn wir — in Rücksicht auf weitere Anwendungen — $\bar{x}$ statt $\bar{c}$ und $\bar{k}$ statt $\bar{g}$ schreiben.

17. Setzen wir noch:

$$\bar{k}'' + \bar{k}''' + \ldots + \bar{k}^{(n+1)} = \bar{t}'$$

$$\bar{k}''' + \bar{k}^{IV} + \ldots + \bar{k}^{(n+1)} = \bar{t}'', \quad \text{etc.}$$

dann erkennt man aus den statischen Gleichungen

$$\bar{k}' + \bar{t}' = 0$$

$$\overline{(x'' - x')\, t'} = 0$$

$$\overline{(x''' - x'')\, t''} = 0$$

$$\cdot \quad \cdot \quad \cdot \quad \cdot \quad \cdot \quad \cdot \quad \cdot$$

$$\overline{(x^{(n+1)} - x^{(n)})\, t^{(n)}} = 0$$

sofort, daß $\bar{t}'$, $\bar{t}''$ etc. die Spannungen in den aufeinanderfolgenden Verbindungsstücken darstellen.

18. **Lagrange** hat die Theorie der Fadenkurven unmittelbar aus dem Prinzip der virtuellen Verschiebungen abgeleitet, indem er durch Einführung der **virtuellen Arbeit der Spannungen** die kinematische Beschränkung für die virtuellen Verschiebungen aufgehoben hat.

Wir können uns die Bedeutung dieser Auffassung am Stabpolygon klar machen. Die einzelnen Glieder des Systems (Fig. 11) kann man sich aus zwei Teilen bestehend denken, welche in der Richtung einer gemeinsamen — durch zwei aufeinander folgende Gelenkcentren gehenden — Achse verschiebbar sind. Die Spannungen $\bar{t}'$, $\bar{t}''$, etc. lassen sich dann durch Spiralfedern, welche die beiden Teile verbinden, aufnehmen. Dieses erweiterte System ist insofern **virtuell frei**, als nun die einzelnen Gelenkpunkte drei Gerade der Freiheit erlangt

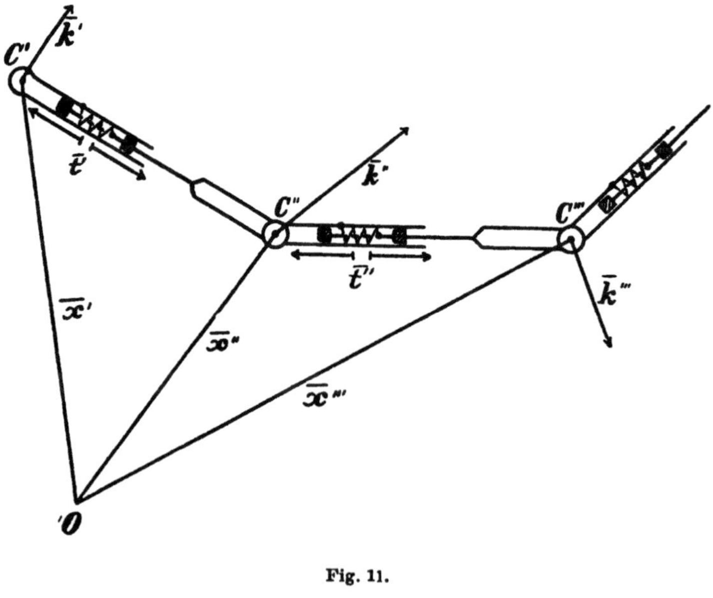

Fig. 11.

haben, also keinen **geometrischen Bedingungen** unterworfen sind. Die dynamische Bedingung, welche ausdrückt, daß die Vektoren $\bar{t}'$, $\bar{t}''$, etc. stets die Richtung der betreffenden Verbindungsachse ($\overline{C' C''}$, $\overline{C'' C'''}$, etc.) haben müssen, kann an jeder Stelle der Rechnung — also auch am Schluß derselben eingeführt werden.

Unter diesen Vorraussetzungen liefert das Prinzip der virtuellen Verschiebungen den Ansatz:

$$\overline{k'}\delta\overline{x'} + \overline{k''}\delta\overline{x''} + \ldots + \overline{k^{(n)}}\delta\overline{x^{(n)}} + \overline{k^{(n+1)}}\delta\overline{x^{(n+1)}}$$

$$-\overline{t'}\delta\overline{(x''-x')} - \overline{t''}\delta\overline{(x'''-x'')} + \ldots - \overline{t^{(n)}}\delta\overline{(x^{(n+1)}x^{(n)})} = 0$$

und hieraus sofort die Gleichgewichtsbedingungen:

$$\left.\begin{aligned} \overline{k'} + \overline{t'} &= 0\,, \\ \overline{k''} - \overline{t'} + \overline{t''} &= 0\,, \\ \ldots\ldots\ldots\ldots \\ \overline{k^{(n)}} - \overline{t^{(n-1)}} + \overline{t^{(n)}} &= 0\,, \\ \overline{k^{(n+1)}} - \overline{t^{(n)}} &= 0\,. \end{aligned}\right\}$$

Mithin ist:

$$\begin{aligned} \overline{t^{(n)}} &= \overline{k^{(n+1)}}\,, \\ \overline{t^{(n-1)}} &= \overline{k^{(n)}} + \overline{k^{(n+1)}}\,, \\ \ldots\ldots\ldots\ldots \\ \overline{t''} &= \overline{k'''} + \overline{k^{IV}} + \ldots + \overline{k^{(n+1)}}\,, \\ \overline{t'} &= \overline{k''} + \overline{k'''} + \ldots + \overline{k^{(n+1)}}\,, \end{aligned}$$

also ganz in Übereinstimmung mit den Gleichungen IIIa. 17.

Die Richtungsbedingungen für die Spannungen liefern sofort die Gleichungen

$$\begin{aligned} \overline{(x''-x')\,t'} &= 0 \\ \overline{(x'''-x'')\,t''} &= 0 \\ \ldots\ldots\ldots\ldots \\ \overline{(x^{(n+1)}-x^{(n)})\,t^{(n)}} &= 0\,, \end{aligned}$$

womit das Problem vollständig gelöst ist.

D. Die Seilkurve.

19. Aus dem Seilpolygon geht die stetige **Seilkurve** durch einen Grenzübergang hervor, indem man die einzelnen Glieder unendlich klein werden läßt und die Voraussetzung macht, daß das Änderungsgesetz der äußeren Kräftewirkung dem Prinzip der Stetigkeit entspricht.

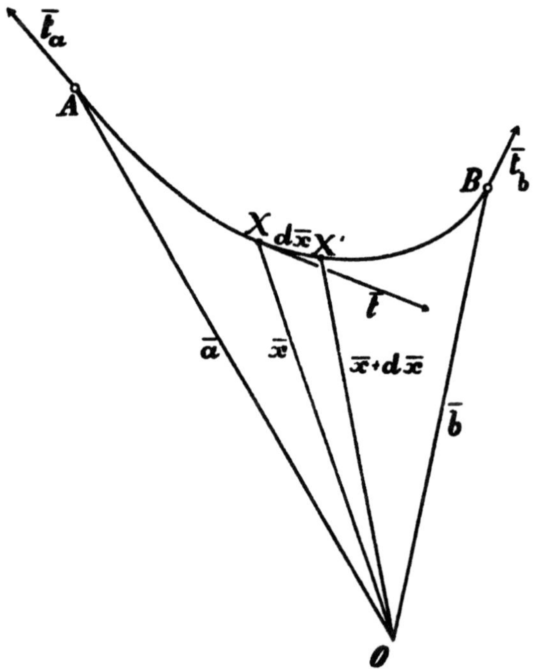

Fig. 12.

Man erhält jetzt unendlich viele Gleichgewichtsbedingungen, von denen man aber nur zwei für einen beliebigen Punkt $(\overline{X})$ hinzuschreiben braucht, nämlich

$$\overline{t} = \int_{(X)}^{(B)} \overline{k}$$

und

$$\overline{dx \cdot t} = 0.$$

Das Integral erstreckt sich über alle äußeren Kräfte von dem Punkte (X) bis zu einem Endpunkte (B). $\bar{k}$ ist die Kraft, welche auf das Bolgenelement dx wird. Bezieht man die Kraft auf die Längeneinheit der Kurve und nennt sie $\bar{\varkappa}$, dann ist

$$\bar{k} = \bar{\varkappa} \cdot dx\,,$$

also

$$\bar{t} = \int_{(X)}^{(B)} \bar{\varkappa}\, dx$$

oder

$$d\bar{t} = -\bar{\varkappa} \cdot dx\,.$$

Die Bedingungen des Gleichgewichts an der Seilkurve für einen beliebigen Punkt (X) werden demnach:

$$\frac{d\bar{t}}{dx} + \bar{\varkappa} = 0 \quad \text{und} \quad \overline{dx \cdot t} = 0\,.$$

Aus der letzten Gleichung folgt:

$$\bar{t} = t\frac{d\bar{x}}{dx}\,,$$

so daß man

$$\frac{d}{dx}\left(t\frac{d\bar{x}}{dx}\right) + \bar{\varkappa} = 0\,,$$

erhält, welches die übliche Form der statischen Gleichung ist. Die Zerlegung in rechtwinklige Komponenten ergibt:

$$\frac{d}{dx}\left(t\frac{dx_1}{dx}\right) + \varkappa_1 = 0, \quad \frac{d}{dx}\left(t\frac{dx_2}{dx}\right) + \varkappa_2 = 0, \quad \frac{d}{dx}\left(t\frac{dx_3}{dx}\right) + \varkappa_3 = 0.$$

Das Bogenelement dx kann auch durch das gebräuchlichere Zeichen ds ersetzt werden.

20. Die Gleichung der Kettenlinie*) in der Ebene $(x_3 = 0)$ erhält man durch Integration der Gleichungen:

$$\frac{d}{ds}\left(t\frac{dx_1}{ds}\right) = 0$$

$$\frac{d}{ds}\left(t\frac{dx_2}{ds}\right) + \varkappa = 0\,,$$

*) Die spezifische Schwerkraft $-\varkappa$ wirkt in der Richtung der x_2.

in denen gewöhnlich

$$dx_1 = ds \cdot \cos\vartheta$$

$$dx_2 = ds \cdot \sin\vartheta$$

gesetzt wird. Dann ist

$$t \cos\vartheta = t_0,$$

so daß t_0 die Spannung im tiefsten (oder höchsten) Punkte der Seilkurve bedeutet. Aus der zweiten Differentialgleichung folgt:

$$\frac{d}{ds}(t \sin\vartheta) + \varkappa = 0, \qquad t_0 \frac{d \operatorname{tg}\vartheta}{ds} + \varkappa = 0,$$

$$ds = -\frac{t_0}{\varkappa}\frac{d\vartheta}{\cos^2\vartheta}.$$

Mithin:

$$dx_1 = -\frac{t_0}{\varkappa}\frac{d\vartheta}{\cos\vartheta}, \qquad dx_2 = -\frac{t_0}{\varkappa}\frac{\sin\vartheta\, d\vartheta}{\cos^2\vartheta}.$$

Die Ausführung der Quadraturen und die Elimination des Winkels ϑ ergibt die Gleichung der Kettenlinie in rechtwinkligen Koordinaten.

Für kleine Durchbiegungen kann man in erster Annäherung $\cos\vartheta = 1$ und $\sin\vartheta = \vartheta$ setzen und erhält:

$$x_1 = -\frac{t_0}{\varkappa}\vartheta + a_1, \qquad x_2 = -\frac{1}{2}\frac{t_0}{\varkappa}\vartheta^2 + a_2.$$

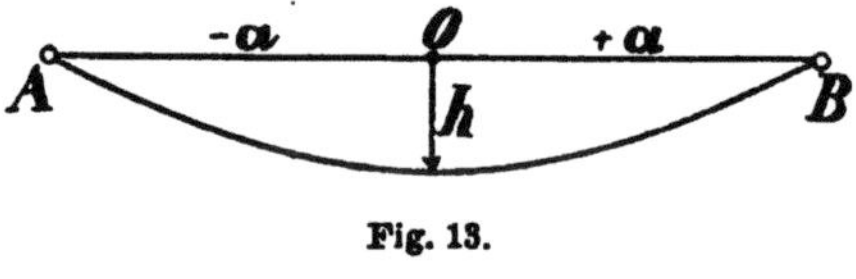

Fig. 13.

Die Kettenlinie mit kleiner Durchbiegung ist also angenähert als Parabel darstellbar, deren Gleichung sich durch Elimination von ϑ ergibt, nämlich:

$$x_2 - h = \frac{1}{2}\frac{\varkappa}{t_0} x_1^2.$$

h bezeichnet den Pfeil der Durchhängung. In den Aufhängepunkten (A, B) bildet die Tangente mit der Horizontalen den Winkel:

$$\vartheta = \varkappa \frac{a}{t_0},$$

wenn $2a$ die Spannweite des Fadens ist.

21. Die Annahme

$$\varkappa_1 = 0, \qquad \varkappa_2 = \varkappa \frac{dx_1}{ds},$$

entsprechend den Differentialgleichungen

$$\frac{d}{ds}\left(t\frac{dx_1}{ds}\right) = 0, \qquad \frac{d}{ds}\left(t\frac{dx_2}{ds}\right) + \varkappa\frac{dx_1}{ds} = 0,$$

führt durch Integration auf die Gleichung:

$$t_0 x_2 + \frac{1}{2}\varkappa x_1^2 + c_2 x_1 + a_2 = 0,$$

also auf eine **Parabel** als Gleichgewichtskurve. Hier ist die Belastung proportional der Horizontalprojektion des Bogens.

23. Nach I., 12., kann man die allgemeine Gleichung der Fadenkurve:

$$\frac{d}{dx}\left(t\frac{d\bar{x}}{dx}\right) + \bar{\varkappa} = 0$$

auch in der Form

$$t\frac{d\bar{\sigma}}{dx} + \frac{dt}{dx}\cdot\bar{\sigma} + \bar{\varkappa} = 0$$

schreiben. Nun ist aber (I., 13.):

$$\frac{d\bar{\sigma}}{dx} = \frac{\bar{\nu}}{r}.$$

Folglich:

$$\frac{t}{r}\cdot\bar{\nu} + \frac{dt}{dx}\cdot\bar{\sigma} + \bar{\varkappa} = 0.$$

Zerlegt man also $\bar{\varkappa}$ nach den Richtungen der Tangente, der Hauptnormalen und der Binormalen, entsprechend der Gleichung:

$$\bar{\varkappa} = \bar{\varkappa}_\sigma + \bar{\varkappa}_\nu + \bar{\varkappa}_{\nu'},$$

so erhält man die allgemeinen Gleichgewichtsbedingungen:

$$\varkappa_\sigma = -\frac{dt}{dx}, \quad \varkappa_\nu = -\frac{r}{t}, \quad \varkappa_{\nu'} = 0.$$

$\overline{\varkappa}$ liegt also ganz in der Schmiegungsebene.

b) Kinetik der Momentankräfte.

1. Die Gleichung

$$\mu \overline{v} = \overline{h}$$

entspricht der Auffassung, daß die Bewegungsgröße $\mu \overline{v}$ durch die Momentankraft $\overline{h}$ infolge einer Außenwirkung zeitlos hervorgebracht wird. Lagrange nennt einen solchen — in der Natur unmöglichen — Vorgang eine Impulsion, indem er an eine gewisse — wenn auch unvollständige — Analogie mit den Stoßvorgängen denkt.

Die Impulsion ist also ein idealer kinetischer Prozeß, der nur dadurch praktische Bedeutung gewinnt, daß er sich mit Vorteil in der Kinetik der zeitlich wirkenden Kräfte verwenden läßt.

Wir können einem Punkte von der Masse μ einmal eine Impulsion

$$\mu \overline{v^{(0)}} = \overline{h^{(0)}},$$

ein andermal die Impulsion

$$\mu \overline{v^{(1)}} = \overline{h^{(1)}}$$

erteilt denken. Dann ist

$$\mu \left(\overline{v^{(1)} - v^{(0)}}\right) = \overline{h^{(1)} - h^{(0)}}$$

die Impulsion, welche den Punkt zeitlos aus dem Geschwindigkeitszustande $\mu \overline{v^{(0)}}$ in den neuen Zustand $\mu \overline{v^{(1)}}$ überführt.

A. Die Impulsion der gebundenen Systeme.

2. Bei einem gebundenen System können wir uns jedem Punkte eine willkürliche Momentankraft $\overline{h}$ eingeprägt denken. Diese kann offenbar jenem Punkte keine willkürliche Be-

wegungsgröße erteilen, sondern nur eine solche $(\mu \bar{v})$, welche mit der Beschaffenheit des Systems verträglich ist. Der Rest

$$\bar{h} - \mu \bar{v} = \bar{r}$$

wird als Elementarreaktion oder Elementarspannung bezeichnet.

Bilden wir nun für diese Elementarreaktionen die Komponenten des Vektors in bezug auf das ganze System, so müssen diese sämtlich verschwinden, da ihre gesamte Impulswirkung Null ist. Nach dem Prinzip der virtuellen Verschiebungen muß also die Gleichung

$$\Sigma \bar{r} \cdot \delta \bar{x} = 0$$

bestehen, oder auch:

$$\Sigma (\bar{h} - \mu \bar{v}) \cdot \delta \bar{x} = 0.$$

Diese Überlegung bildet den Inhalt des D'Alembertschen Prinzips für Impulsprozesse.

3. Für ein System, dessen Position durch die allgemeinen Koordinaten $q_1, q_2, \ldots, q_\nu$ bestimmt ist, hat man nach II., 14.:

$$\Sigma \mu \bar{v} \cdot \delta \bar{x} = \frac{\partial \mathsf{E}}{\partial \dot{q}_1} \cdot \delta q_1 + \frac{\partial \mathsf{E}}{\partial \dot{q}_2} \cdot \delta q_2 + \ldots + \frac{\partial \mathsf{E}}{\partial \dot{q}_\nu} \cdot \delta q_\nu$$

und nach IIIa., 1.:

$$\Sigma \bar{h} \cdot \delta \bar{x} = \mathsf{h}_1 \cdot \delta q_1 + \mathsf{h}_2 \cdot \delta q_2 + \ldots + \mathsf{h}_\nu \cdot \delta q_\nu .$$

Die Impulsion für ein derartig festgelegtes System wird also dargestellt durch die Komponentengleichungen:

$$\frac{\partial \mathsf{E}}{\partial \dot{q}_1} = \mathsf{h}_1, \quad \frac{\partial \mathsf{E}}{\partial \dot{q}_2} = \mathsf{h}_2, \quad \ldots, \quad \frac{\partial \mathsf{E}}{\partial \dot{q}_\nu} = \mathsf{h}_\nu,$$

welche zuerst von Lagrange angegeben sind. Aus denselben kann man die Größen $\dot{q}_1, \dot{q}_2, \ldots, \dot{q}_\nu$ berechnen, wenn die Koordinaten $q_1, q_2, \ldots, q_\nu$, sowie die Komponenten $\mathsf{h}_1, \mathsf{h}_2, \ldots, \mathsf{h}_\nu$ gegeben sind.

B. Allgemeine Impulsion des starren Systems.

4. Für den freien starren Körper hat man nach II., 18:

$$\Sigma \mu \bar{v} \cdot \delta \bar{x} = \mu^{*}\left(\bar{\dot{c}} + \overline{\omega a^{*}}\right) \cdot \delta \bar{c} + \left[\mu^{*} \overline{a^{*} \dot{c}} + \bar{J}\right] \cdot \delta \bar{\vartheta}$$

und nach IIIa., 2:

$$\Sigma \bar{h} \cdot \delta \bar{x} = \bar{\mathsf{h}} \cdot \delta \bar{c} + \bar{\mathsf{M}}_h \cdot \delta \bar{\vartheta},$$

wo

$$\bar{\mathsf{h}} = \Sigma \bar{h} \quad \text{und} \quad \bar{\mathsf{M}}_h = \Sigma \overline{x h}$$

ist.

Folglich lauten die Impulsgleichungen für diesen Fall

$$\mu^{*}\left(\bar{\dot{c}} + \overline{\omega a^{*}}\right) = \bar{\mathsf{h}},$$

$$\mu^{*} \overline{a^{*} \dot{c}} + \bar{J} = \bar{\mathsf{M}}_h.$$

Die Zerlegung dieser beiden Vektorgleichungen in rechtwinkliche Komponenten ergibt sechs Gleichungen.

Besonders übersichtlich werden die Impulsgleichungen für die Annahme $\bar{a}^{*} = 0$. Man erhält dann

$$\mu^{*} \bar{\dot{c}} = \bar{\mathsf{h}} \quad \text{und} \quad \bar{J} = \bar{\mathsf{M}}_h.$$

Die resultierende Momentankraft $\bar{\mathsf{h}}$ beeinflußt also den Schwerpunkt genau wie einen freien Punkt, in welchem die ganze Masse (μ^{*}) des Systems vereinigt gedacht ist.

5. Die Impulsgleichungen für ein starres System, welches um einen festen Punkt $(\bar{a} = 0)$ drehbar ist, lauten nach II., 18. in expliciter Form:

$$T_1 \omega_1 - D_3 \omega_2 - D_2 \omega_3 = \Sigma (a_2 h_3 - a_3 h_2),$$

$$T_2 \omega_2 - D_1 \omega_3 - D_3 \omega_1 = \Sigma (a_3 h_1 - a_1 h_3),$$

$$T_3 \omega_3 = D_2 \omega_1 - D_1 \omega_2 = \Sigma (a_1 h_2 - a_2 h_1).$$

Für Hauptträgheitsachsen verschwinden auch noch die Deviationsmomente D_1, D_2, D_3.

c) Kinetik der zeitlich wirkenden Kräfte.

A. Bewegung eines freien Massenpunktes.

1. Die Bewegung eines einzelnen freien Punktes von der Masse μ erfolgt unter dem Einfluß der Kraft $\overline{k}$ nach der Gleichung

$$\mu \cdot \frac{d^2\overline{x}}{d\tau^2} = \overline{k}$$

Bei diesen einfachen Problemen setzt man gewöhnlich $\mu = 1$, da nur eine Masse in Betracht kommt.

Die Integration der Differentialgleichung der Bewegung liefert, wenn $\overline{k}$ keine höheren Differentialquotienten als $\frac{d\overline{x}}{d\tau}$ enthält, zunächst ein Integral von der Form

$$\overline{\dot{x}} = f(\overline{c}, \tau),$$

worin $\overline{c}$ eine vektorielle Konstante bedeutet. Eine zweite Integration ergibt:

$$\overline{x} = F(\overline{a}, \overline{c}, \tau).$$

2. Ohne Einwirkung äußerer Kräfte bewegt sich der Punkt gemäß der Gleichung

$$\frac{d^2\overline{x}}{d\tau^2} = 0,$$

woraus durch Integration

$$\overline{\dot{x}} = \overline{c} \quad \text{und} \quad \overline{x} = \overline{c}\tau + \overline{a}$$

folgt. Aus der letzten Gleichung ergibt sich

$$\overline{c\,(x - a)} = 0.$$

Dies ist nach I., 11. die Gleichung einer Geraden, welche die Anfangsgeschwindigkeit $\overline{c}$ enthält und durch den Punkt $\overline{a}$ geht (cf. Anhang F. 7).

3. Die Bewegung mit **konstanter Beschleunigung** $(\overline{g})$ ist definiert durch

$$\frac{d^2\overline{x}}{d\tau^2} = \overline{g}.$$

Die Integrale sind

$$\dot{\overline{x}} = \overline{g} \cdot \tau + \overline{c}$$

und

$$\overline{x} = \frac{1}{2}\overline{g} \cdot \tau^2 + \overline{c} \cdot \tau + \overline{a}.$$

Aus der letzten Gleichung folgt unmittelbar:

$$\overline{gc} \cdot \overline{x - a} = 0.$$

Nach I., 10. verläuft also die Bewegung in einer Ebene durch den Punkt $\overline{a}$ parallel zu den Vektoren $\overline{g}$ und $\overline{c}$. Die Bahn ist eine Parabel.

4. Die Bewegungsgleichung

$$\frac{d^2\overline{x}}{d\tau^2} = \varkappa^2\overline{x},$$

worin $\varkappa^2$ eine positive Zahl bedeutet, führt auf:

$$\overline{x\ddot{x}} = 0, \quad \text{oder} \quad \overline{x\dot{x}} = \overline{C}.$$

Da $\overline{C}$ eine von der Zeit (τ) unabhängige Konstante vorstellt, so ist, da für $\tau = 0$ $\overline{x} = \overline{a}$ und $\dot{\overline{x}} = \overline{c}$ wird,

$$\overline{ac} = \overline{C}.$$

Aus der Gleichung:

$$\overline{x\dot{x}} = \overline{ac}$$

folgt aber unmittelbar

$$\overline{ac} \cdot \overline{x} = 0.$$

Dies ist die Gleichung der Bewegungsebene, welche durch die Vektoren $\overline{a}$ und $\overline{c}$ festgelegt ist. Zerlegen wir die ursprüngliche vektorielle Differentialgleichung nach dieser Ebene in rechtwinklige Komponenten

$$\frac{d^2 x_1}{d\tau^2} = \varkappa^2 x_1, \quad \frac{d^2 x_2}{d\tau^2} = \varkappa^2 x_2,$$

dann ergeben die gewöhnlichen Regeln der Integralrechnung:

$$\left.\begin{aligned} x_1 &= a_1 e^{\varkappa\tau} + b_1 e^{-\varkappa\tau} \\ x_2 &= a_2 e^{\varkappa\tau} + b_2 e^{-\varkappa\tau} \end{aligned}\right\} \quad \ldots \qquad (A)$$

und durch Vertauschung von $\varkappa^2$ mit $-\varkappa^2$

$$\left.\begin{aligned} x_1 &= a_1' \cos\varkappa\tau + b_1' \sin\varkappa\tau \\ x_2 &= a_2' \cos\varkappa\tau + b_2' \sin\varkappa\tau. \end{aligned}\right\} \quad \ldots \qquad (B)$$

Die Integrationskonstanten a_1, b_1, a_2, b_2; a_1', b_1', a_2', b_2' erhält man aus den Anfangsbedingungen.

Beide Bewegungsformen sind für die Anwendungen von großer Bedeutung. Im ersten Falle kehrt der Punkt niemals in seine Anfangslage zurück, im zweiten Falle (harmonische Bewegung) geschieht dies immer wieder nach Ablauf der Zeit $2\pi : \varkappa$, wie man aus den Integralgleichungen (B) ohne weiteres erkennt. Die Bahn selbst ist hier eine Ellipse (bezw. ein Kreis oder eine in sich zurücklaufende Strecke).

5. In der Astronomie ist eine besondere Klasse von freien Bewegungen behandelt worden, bei welchen die Kraft in die Richtung des Vektors $\bar{x}$ fällt und der Größe nach

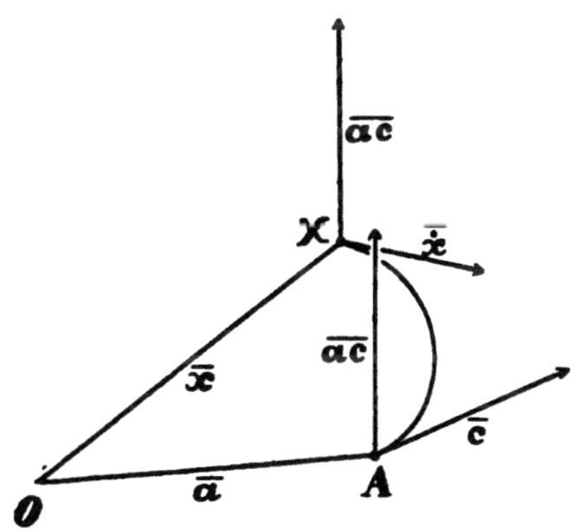

Fig. 14.

nur von der Länge dieses Vektors abhängt. Die Bewegungsgleichung ist in diesem Falle

$$\frac{d^2\overline{x}}{d\tau^2} = \xi \cdot \overline{x},$$

wo ξ eine Funktion des Abstandes x ist (Centralbewegung).

Man erhält sofort

$$\overline{x\ddot{x}} = 0$$

d. h.

$$\overline{x\dot{x}} = \overline{C}.$$

Um die Integrationskonstante $\overline{C}$ zu bestimmen, setzen wir $\overline{x} = \overline{a}$ und $\dot{\overline{x}} = \overline{c}$ für $\tau = 0$.

Dann wird

$$\overline{x\dot{x}} = \overline{ac}$$

also

$$\overline{ac} \cdot \overline{x} = 0.$$

Die Bewegung erfolgt demnach mit konstanter Sektorengeschwindigkeit in einer Ebene, welche durch den Anfangspunkt $\overline{x} = 0$ und durch $\overline{c}$ geht (Prinzip der Flächen).

Aus der Differentialgleichung der Centralbewegung folgt ferner:

$$\frac{d\overline{x}}{d\tau}\frac{d^2\overline{x}}{d\tau^2} = \xi\frac{d\overline{x}}{d\tau} \cdot \overline{x},$$

d. h.:

$$\frac{1}{2}\frac{d}{d\tau}\left(\frac{dx}{d\tau}\right)^2 = \frac{1}{2}\xi\frac{d(x^2)}{d\tau} = \xi x\frac{dx}{d\tau}$$

oder

$$\frac{1}{2}(\dot{x}^2 - c^2) = \int_a^x \xi x dx = F(x) - F(a).$$

Da ξ nach der Voraussetzung eine bekannte Funktion von x ist, so kann auch $F(x) - F(a)$ als bekannt angenommen werden.

Die Gleichungen

$$\left.\begin{aligned} \overline{x\dot{x}} &= \overline{C} \\ \frac{1}{2}(\dot{x}^2 - c^2) &= F(x) - F(a) \end{aligned}\right\}$$

sind Integralgleichungen der Centralbewegung, aus welchen die Gleichung der Bahn durch Elimination von $d\tau$ und eine weitere Quadratur folgt.

6. Bei der Planetenbewegung ist

$$\xi = -\frac{\varkappa^2}{x^3},$$

also:

$$k_1 = -\frac{\varkappa^2}{x^3} x_1, \quad k_2 = -\frac{\varkappa^2}{x^3} x_2,$$

d. h.:

$$k^2 = k_1^2 + k_2^2 = \frac{\varkappa^4}{x^4}.$$

Folglich:

$$k = \frac{\varkappa^2}{x^2}.$$

Die anziehende Kraft ist umgekehrt proportional dem Quadrate des Radiusvektors (Newtonsches Anziehungsgesetz), welcher vom Mittelpunkte der Sonne gerechnet wird.

Hier erhält man für $F(x) - F(a)$ den Ausdruck

$$-\int_a^x \frac{\varkappa^2}{x^2} dx = \varkappa^2\left(\frac{1}{x} - \frac{1}{a}\right),$$

so daß die ersten Integralgleichungen der Bewegung in der Ebene $x_3 = 0$:

$$x_1 \dot{x}_2 - x_2 \dot{x}_1 = C$$

$$\dot{x}_1^2 + \dot{x}_2^2 = c_2 + 2\varkappa^2\left(\frac{1}{x} - \frac{1}{a}\right)$$

werden.

Wir wollen r statt x setzen und Polarkoordinaten durch:

$$x_1 = r\cos\vartheta, \quad x_2 = r\sin\vartheta$$

einführen. Dann erhält man:

$$r^2 \frac{d\vartheta}{d\tau} = C$$

$$\left(\frac{dr}{d\tau}\right)^2 + r^2\left(\frac{d\vartheta}{d\tau}\right)^2 = c^2 + 2\varkappa^2\left(\frac{1}{r} - \frac{1}{a}\right)$$

und durch Elimination von $d\mathfrak{r}$:

$$\frac{C^2}{r^2}\left[\frac{1}{r^2}\left(\frac{dr}{d\vartheta}\right)^2+1\right]=c^2+2\varkappa^2\left(\frac{1}{r}-\frac{1}{a}\right).$$

Hieraus kann r durch eine Quadratur als Funktion von ϑ gefunden werden.

Die Rechnung gestaltet sich etwas übersichtlicher, wenn man

$$\frac{1}{r}=\mathfrak{r}$$

setzt. Dann wird:

$$-\frac{1}{r^2}\frac{dr}{d\vartheta}=\frac{d\mathfrak{r}}{d\vartheta},$$

also:

$$C^2\left[\left(\frac{d\mathfrak{r}}{d\vartheta}\right)^2+\mathfrak{r}^2\right]=c^2+2\varkappa^2\left(\mathfrak{r}-\frac{1}{a}\right).$$

Hieraus folgt durch nochmalige Differentiation nach ϑ:

$$\frac{d^2\mathfrak{r}}{d\vartheta^2}+\mathfrak{r}=\frac{\varkappa^2}{C^2}$$

oder

$$\frac{d^2}{d\vartheta^2}\left(\mathfrak{r}-\frac{\varkappa^2}{C^2}\right)+\left(\mathfrak{r}-\frac{\varkappa^2}{C^2}\right)=0.$$

Das allgemeine Integral dieser Differentialgleichung ist aber bekanntlich:

$$\mathfrak{r}-\frac{\varkappa^2}{C^2}=A\cos\vartheta+B\sin\vartheta.$$

Folglich:

$$r=\frac{1}{\frac{\varkappa^2}{C^2}+A\cos\vartheta+B\sin\vartheta}.$$

Die Bewegung erfolgt in einem Kegelschnitte, in dessen einem Brennpunkte das Anziehungscentrum liegt (Kepler):

Um die Integrationskonstanten A, B, C zu bestimmen, muß man die Anfangsgeschwindigkeit und die Orientierung der Bahn kennen.

7. Im allgemeinen kann man bei der freien Bewegung eines Punktes die rechtwinkligen Koordinaten x_1, x_2, x_3 des Vektors $\bar{x}$ durch drei allgemeine Koordinaten q_1, q_2, q_3 ausdrücken.

Nach II., 8., ist dann, wegen

$$\frac{d^2 \bar{x}}{d\tau^2} = \bar{w} = \bar{k}$$

$$\bar{\varepsilon}_1 \bar{k} = \frac{d}{d\tau}\left(\frac{\partial E}{\partial \dot{q}_1}\right) - \frac{\partial E}{\partial q_1}, \qquad \bar{\varepsilon}_2 \bar{k} = \frac{d}{d\tau}\left(\frac{\partial E}{\partial \dot{q}_2}\right) - \frac{\partial E}{\partial q_2},$$

$$\bar{\varepsilon}_3 \bar{k} = \frac{d}{d\tau}\left(\frac{\partial E}{\partial \dot{q}_3}\right) - \frac{\partial E}{\partial q_3}$$

und die Vektoren $\bar{\varepsilon}_1$, $\bar{\varepsilon}_2$, $\bar{\varepsilon}_3$ sind definiert durch die Gleichung:

$$d\bar{x} = \bar{\varepsilon}_1 d q_1 + \bar{\varepsilon}_2 d q_2 + \bar{\varepsilon}_3 d q_3 .$$

Einer Zerlegung nach drei rechtwinkligen Koordinatenachsen entsprechend setzen wir:

$$\bar{\varepsilon}_1 = \bar{\varepsilon}_{11} + \bar{\varepsilon}_{12} + \bar{\varepsilon}_{13}$$
$$\bar{\varepsilon}_2 = \bar{\varepsilon}_{21} + \bar{\varepsilon}_{22} + \bar{\varepsilon}_{23}$$
$$\bar{\varepsilon}_3 = \bar{\varepsilon}_{31} + \bar{\varepsilon}_{32} + \bar{\varepsilon}_{33}$$

und

$$\bar{k} = \bar{k}_1 + \bar{k}_2 + \bar{k}_3 .$$

Nun ist:

$$d x_1 = \varepsilon_{11} d q_1 + \varepsilon_{21} d q_2 + \varepsilon_{31} d q_3 ,$$
$$d x_2 = \varepsilon_{12} d q_1 + \varepsilon_{22} d q_2 + \varepsilon_{32} d q_3 ,$$
$$d x_3 = \varepsilon_{13} d q_1 + \varepsilon_{23} d q_2 + \varepsilon_{33} d q_3 .$$

Diese Gleichungen müssen aber identisch mit den folgenden sein:

$$dx_1 = \frac{\partial x_1}{\partial q_1} d q_1 + \frac{\partial x_1}{\partial q_2} d q_2 + \frac{\partial x_1}{\partial q_3} d q_3 ,$$

$$dx_2 = \frac{\partial x_2}{\partial q_1} d q_1 + \frac{\partial x_2}{\partial q_2} d q_2 + \frac{\partial x_2}{\partial q_3} d q_3 ,$$

$$dx_3 = \frac{\partial x_3}{\partial q_1} d q_1 + \frac{\partial x_3}{\partial q_2} d q_2 + \frac{\partial x_3}{\partial q_3} d q_3 .$$

Mithin ist:

$$\varepsilon_{11} = \frac{\partial x_1}{\partial q_1}, \quad \varepsilon_{12} = \frac{\partial x_2}{\partial q_1}, \quad \varepsilon_{13} = \frac{\partial x_3}{\partial q_1},$$

$$\varepsilon_{21} = \frac{\partial x_1}{\partial q_2}, \quad \varepsilon_{22} = \frac{\partial x_2}{\partial q_2}, \quad \varepsilon_{23} = \frac{\partial x_3}{\partial q_2},$$

$$\varepsilon_{31} = \frac{\partial x_1}{\partial q_3}, \quad \varepsilon_{32} = \frac{\partial x_2}{\partial q_3}, \quad \varepsilon_{33} = \frac{\partial x_3}{\partial q_3}.$$

Man erhält also:

$$\bar{\varepsilon}_1 \bar{k} = \varepsilon_{11} k_1 + \varepsilon_{12} k_2 + \varepsilon_{13} k_3 = k_1 \frac{\partial x_1}{\partial q_1} + k_2 \frac{\partial x_2}{\partial q_1} + k_3 \frac{\partial x_3}{\partial q_1} = Q_1,$$

$$\bar{\varepsilon}_2 \bar{k} = \varepsilon_{21} k_1 + \varepsilon_{22} k_2 + \varepsilon_{23} k_3 = k_1 \frac{\partial x_1}{\partial q_2} + k_2 \frac{\partial x_2}{\partial q_2} + k_3 \frac{\partial x_3}{\partial q_2} = Q_2,$$

$$\bar{\varepsilon}_3 \bar{k} = \varepsilon_{31} k_1 + \varepsilon_{32} k_2 + \varepsilon_{33} k_3 = k_1 \frac{\partial x_1}{\partial q_3} + k_2 \frac{\partial x_2}{\partial q_3} + k_3 \frac{\partial x_3}{\partial q_3} = Q_3.$$

Die Bewegungsgleichungen nehmen jetzt die Lagrangesche Form an:

$$\frac{d}{d\tau}\left(\frac{\partial E}{\partial \dot{q}_1}\right) - \frac{\partial E}{\partial q_1} = Q_1,$$

$$\frac{d}{d\tau}\left(\frac{\partial E}{\partial \dot{q}_2}\right) - \frac{\partial E}{\partial q_2} = Q_2,$$

$$\frac{d}{d\tau}\left(\frac{\partial E}{\partial \dot{q}_3}\right) - \frac{\partial E}{\partial q_3} = Q_3,$$

worin

$$E = \frac{1}{2}\left[\left(\frac{dx_1}{d\tau}\right)^2 + \left(\frac{dx_2}{d\tau}\right)^2 + \left(\frac{dx_3}{d\tau}\right)^2\right]$$

die kinetische Energie der Masseneinheit ist.

Die Größen Q_1, Q_2, Q_3 nennt man die Lagrangeschen Komponenten der Kraft $\bar{k}$.

8. Schreiben wir symbolisch:

$$Q_1 = \left(\frac{\partial}{\partial q_1}\right)(x_1 k_1 + x_2 k_2 + x_3 k_3) = \left(\frac{\partial}{\partial q_1}\right)(\bar{x}\,\bar{k}), \text{ etc.}$$

so erscheinen alle dynamischen Komponenten Q als Derivierte derselben Funktion

$$V_k = \overline{x}\,\overline{k}$$

in dem Sinne, daß bei der angedeuteten Differentiation von V_k nach den Variabelen q_1, q_2, q_3 nur der Angriffspunkt der Kraft $\overline{k}$, welcher durch den Vektor $\overline{x}$ bestimmt ist, eine räumliche Änderung erleidet, die Kraft selbst aber nach Größe und Richtung unverändert (stationär) bleibt. Wir wollen Derivierte in dieser spezifisch mechanischen Auffassung „Angriffsderivierte“ nennen. Die Lagrangeschen Komponenten Q_1, Q_2, Q_3 sind dann als die partiellen Angriffsderivierten der Funktion

$$V_k = \overline{x}\,\overline{k}$$

nach den allgemeinen Koordinaten q_1, q_2, q_3 aufzufassen. Diese fundamentale Funktion hat Clausius das Virial der Kraft $\overline{k}$ genannt.

Wird in besonderen Fällen

$$Q_1 = \left(\frac{\partial}{\partial q_1}\right) V_k = \frac{\partial U}{\partial q_1},$$

$$Q_2 = \left(\frac{\partial}{\partial q_2}\right) V_k = \frac{\partial U}{\partial q_2},$$

$$Q_3 = \left(\frac{\partial}{\partial q_3}\right) V_k = \frac{\partial U}{\partial q_3},$$

werden also die Komponenten Q_1, Q_2, Q_3 partielle Derivierten einer Funktion U — im üblichen mathematischen Sinne der Operation —, dann nennt man U die Kräftefunktion, welche der Kraft $\overline{k}$ entspricht.

9. Bei Voraussetzung der Existenz einer Kräftefunktion U zerfällt die Gleichung

$$\mu \frac{d^2 \overline{x}}{d\tau^2} = \overline{k}$$

in die Komponenten

$$\mu \frac{d^2 x_1}{d\tau^2} = \frac{\partial U}{\partial x_1}, \quad \mu \frac{d^2 x_2}{d\tau^2} = \frac{\partial U}{\partial x_2}, \quad \mu \frac{d^2 x_3}{d\tau^2} = \frac{\partial U}{\partial x_3}.$$

Aus diesen folgt:

$$\mu\left[\frac{d^2x_1}{d\tau^2}\frac{dx_1}{d\tau}+\frac{d^2x_2}{d\tau^2}\frac{dx_2}{d\tau}+\frac{d^2x_3}{d\tau^2}\frac{dx_3}{d\tau}\right]$$
$$=\frac{\partial U}{\partial x_1}\frac{dx_1}{d\tau}+\frac{\partial U}{\partial x_2}\frac{dx_2}{d\tau}+\frac{\partial U}{\partial x_3}\frac{dx_3}{d\tau}.$$

Macht man noch die weitere Annahme, daß die Funktion U nur von den Koordinaten x_1, x_2, x_3 abhängt, dann nimmt die letzte Gleichung die Form an:

$$\frac{\mu}{2}\frac{d}{d\tau}\left[\left(\frac{dx_1}{d\tau}\right)^2+\left(\frac{dx_2}{d\tau}\right)^2+\left(\frac{dx_3}{d\tau}\right)^2\right]=\frac{dU}{d\tau}$$

oder

$$\frac{dE}{d\tau}=\frac{dU}{d\tau},$$

woraus durch Integration

$$E-U=H$$

folgt, wenn wir die Integrationskonstante durch H bezeichnen. In der Physik nennt man die Größe $-U$ die „potentielle Energie" des Massenpunktes μ. Nach der letzten Gleichung ist also die Summe der kinetischen und der potentiellen Energie während der Bewegung eine unveränderliche Größe („Prinzip der Erhaltung der Energie").

B. Bewegung auf einer festen Fläche.

10. Als bequemste Form der Flächendarstellung benutzt man (cf. II., 4.):

$$x_1=f_1(q_1,q_2),\ x_2=f_2(q_1,q_2),\ x_3=f_3(q_1,q_2).$$

Die eingeprägte Kraft $\overline{k}$ erzeugt die Massenbeschleunigung $\mu\overline{w}$ und die Reaktion $\overline{s}$, so daß die Relation besteht:

$$\overline{k}=\mu\overline{w}+\overline{s}.$$

Setzt man nun

$$\overline{v}=\overline{\varepsilon}_1\dot{q}_1+\overline{\varepsilon}_2\dot{q}_2,$$

dann ist

$$\overline{\varepsilon}_1\overline{s}=0 \quad \text{und} \quad \overline{\varepsilon}_2\overline{s}=0,$$

da die Reaktion auf der Tangentialebene senkrecht stehen muß. Die Bewegungsgleichungen sind demnach:

$$\overline{\varepsilon}_1 \overline{k} = \mu \overline{\varepsilon}_1 \overline{w} = Q_1$$
$$\overline{\varepsilon}_2 \overline{k} = \mu \overline{\varepsilon}_2 \overline{w} = Q_2$$

oder nach II., 7.:

$$\frac{d}{d\tau}\left(\frac{\partial E}{\partial \dot{q}_1}\right) - \frac{\partial E}{\partial q_1} = Q_1,$$
$$\frac{d}{d\tau}\left(\frac{\partial E}{\partial \dot{q}_2}\right) - \frac{\partial E}{\partial q_2} = Q_2.$$

11. Als Beispiel wollen wir die kinetischen Gleichungen für das sphärische Pendel entwickeln.

Aus der Figur 15 folgt sofort:

$$\left.\begin{aligned} x_1 &= r \sin\vartheta \cos\psi \\ x_2 &= r \sin\vartheta \sin\psi \\ x_3 &= r \cos\vartheta . \end{aligned}\right\}$$

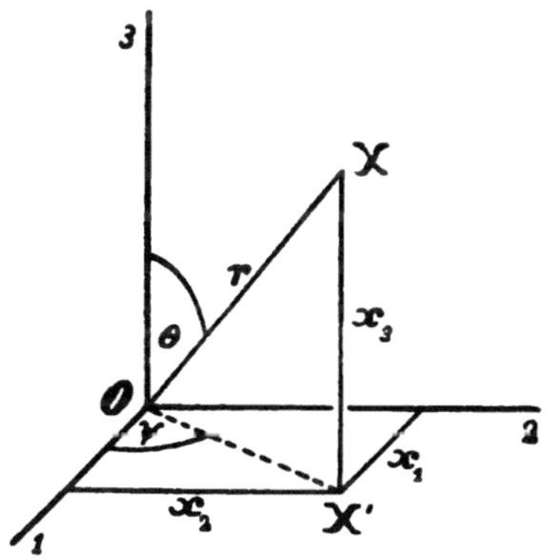

Fig. 15

Für die Geschwindigkeitskomponenten erhält man also die Ausdrücke:

$$\dot{x}_1 = r\,[\cos\vartheta \cos\psi \cdot \dot{\vartheta} - \sin\vartheta \sin\psi \cdot \dot{\psi}]$$
$$\dot{x}_2 = r\,[\cos\vartheta \sin\psi \cdot \dot{\vartheta} + \sin\vartheta \cos\psi \cdot \dot{\psi}]$$
$$\dot{x}_3 = -r \sin\vartheta \cdot \dot{\vartheta}$$

und hieraus:

$$E = \frac{1}{2}\mu r^2\left[\dot{\vartheta}^2 + \sin^2\vartheta \cdot \dot{\psi}^2\right].$$

Man hat also

$$\frac{\partial E}{\partial \dot{\vartheta}} = \mu r^2 \dot{\vartheta}, \quad \frac{\partial E}{\partial \dot{\psi}} = \mu r^2 \sin^2\vartheta \cdot \dot{\psi}$$

$$\frac{\partial E}{\partial \vartheta} = \mu r^2 \sin\vartheta \cdot \cos\vartheta \cdot \dot{\psi}^2, \quad \frac{\partial E}{\partial \psi} = 0.$$

Folglich nehmen die Bewegungsgleichungen die Form an:

$$\frac{d^2\vartheta}{d\tau^2} - \sin\vartheta\cos\vartheta \cdot \dot{\psi}^2 = \frac{Q_1}{\mu r^2},$$

$$\frac{d}{d\tau}(\sin^2\vartheta \cdot \dot{\psi}) = \frac{Q_2}{\mu r^2},$$

wo nach IIIb., 7.:

$$Q_1 = k_1 \frac{\partial x_1}{\partial \vartheta} + k_2 \frac{\partial x_2}{\partial \vartheta} + k_3 \frac{\partial x_3}{\partial \vartheta},$$

$$Q_2 = k_1 \frac{\partial x_1}{\partial \psi} + k_2 \frac{\partial x_2}{\partial \psi} + k_3 \frac{\partial x_3}{\partial \psi}$$

zu setzen ist.

Wirkt nur die Schwerkraft in der Richtung der x_3, dann ist

$$k_1 = 0, \quad k_2 = 0, \quad k_3 = \mu g,$$

also

$$Q_1 = -\mu g r \sin\vartheta, \quad Q_2 = 0.$$

Die Bewegung des einfachen sphärischen Pendels ergibt sich demnach aus den Gleichungen

$$\frac{d^2\vartheta}{d\tau^2} - \sin\vartheta\cos\vartheta \cdot \left(\frac{d\psi}{dt}\right)^2 = -\frac{g}{r}\sin\vartheta,$$

$$\frac{d}{d\tau}(\sin^2\vartheta \cdot \dot{\psi}) = 0.$$

Für ein konstantes $\vartheta = a$ wird

$$\cos a \cdot \dot{\psi}^2 = \frac{g}{r}$$

also

$$\dot{\psi} = \sqrt{\frac{g}{r \cos a}}.$$

Dies ist ein Beispiel für eine kinetische Form des Gleichgewichtes eines materiellen Punktes.

Allgemeinere Formen erhält man durch die Betrachtung der Gleichungen:

$$-\frac{\partial E}{\partial q_1} = Q_1, \quad -\frac{\partial E}{\partial q_2} = Q_2,$$

wenn zwei Grade der Bewegungsfreiheit vorliegen (cf. III. c. 26.).

C. Bewegung auf einer festen Kurve.

12. Hier ist

$$x_1 = f_1(q), \quad x_2 = f_2(q), \quad x_3 = f_3(q)$$

und dementsprechend

$$\bar{v} = \bar{\varepsilon} \cdot \dot{q}.$$

Die Reaktion $\bar{s}$ in der dynamischen Zerlegung

$$\bar{k} = \mu \bar{w} + \bar{s}$$

genügt der Bedingung

$$\bar{\varepsilon}\bar{s} = 0.$$

Die Bewegungsgleichung wird also nach II., 7.:

$$\frac{d}{d\tau}\left(\frac{\partial E}{\partial \dot{q}}\right) - \frac{\partial E}{\partial q} = Q,$$

wo

$$Q = k_1 \frac{\partial x_1}{\partial q} + k_2 \frac{\partial x_2}{\partial q} + k_3 \frac{\partial x_3}{\partial q}$$

zu setzen ist.

13. Beim einfachen Pendel hat man

$$x_1 = r \cos \vartheta, \quad x_2 = r \sin \vartheta,$$

$$E = \frac{1}{2} \mu r^2 \cdot \dot{\vartheta}^2$$

$$k_1 = \mu g, \quad k_2 = 0.$$

Die Bewegungsgleichung wird demnach:

$$\frac{d^2\vartheta}{d\tau^2} = -\frac{g}{r}\sin\vartheta.$$

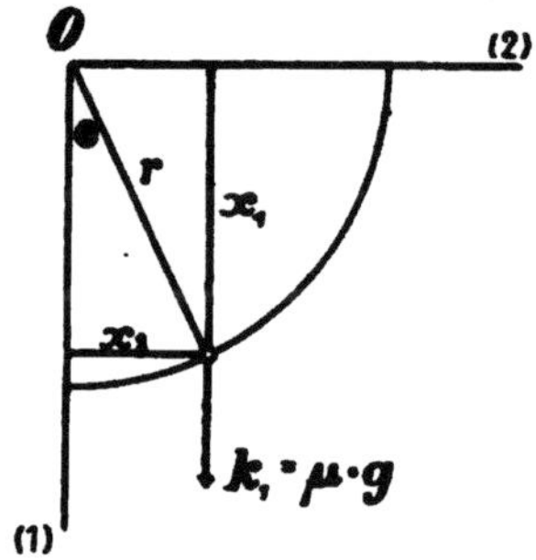

Fig 16.

Für kleine Ausschläge kann man sin ϑ durch ϑ ersetzen, wodurch man die Gleichung

$$\frac{d^2\vartheta}{d\tau^2} + \frac{g}{r}\vartheta = 0$$

und das Integral

$$\vartheta = A\cos\left(\sqrt{\frac{g}{r}}\cdot\tau\right) + B\sin\left(\sqrt{\frac{g}{r}}\cdot\tau\right)$$

erhält. Die Periode der Schwingungen ist also

$$2\pi\sqrt{\frac{r}{g}} \quad \text{(cf. IIIc., 4.).}$$

Weit genauere und doch noch hinreichend einfache Formeln für die Schwingungsdauer erhält man durch Anwendung der Quadraturmethoden von Gauß und Tchébychew.

D. Bewegung der Systeme von einer endlichen Anzahl der Freiheitsgrade.

14. Das D'Alembertsche Prinzip (III. b. 2.) gilt ebenso für zeitlich wirkende Kräfte wie für Momentankräfte. In der That folgt aus der Impulsgleichung

$$\overline{h} = \mu\overline{v} + \overline{r}$$

durch Differentiation nach der Zeit

$$\frac{d\bar{h}}{d\tau} = \mu\bar{w} + \frac{d\bar{r}}{d\tau}.$$

Setzen wir also:

$$\frac{d\bar{h}}{d\tau} = \bar{k}, \quad \frac{d\bar{r}}{d\tau} = \bar{s},$$

so erhält man die Drei-Vektor-Gleichung:

$$\bar{k} = \mu\bar{w} + \bar{s},$$

und es wird für ein gebundenes System:

$$\Sigma\,\bar{s}\,\delta\bar{x} = 0.$$

Für ν Freiheitsgrade der Bewegung wird

$$\delta\bar{x} = \bar{\varepsilon}_1 \cdot \delta q_1 + \bar{\varepsilon}_2 \cdot \delta q_2 + \ldots + \bar{\varepsilon}_\nu \cdot \delta q_\nu.$$

Die vorletzte Gleichung kann also nur bestehen, wenn

$$\bar{\varepsilon}_1\bar{s} = 0, \quad \bar{\varepsilon}_2\bar{s} = 0, \quad \ldots, \quad \bar{\varepsilon}_\nu\bar{s} = 0$$

ist.

Die allgemeinen Bewegungsgleichungen sind demnach:

$$\frac{d}{d\tau}\left(\frac{\partial \mathsf{E}}{\partial \dot{q}_\iota}\right) - \frac{\partial \mathsf{E}}{\partial q_\iota} = \mathsf{Q}_\iota,$$

worin $\iota = 1, 2, \ldots, \nu$ zu setzen ist.

Man hat jetzt in den Ausdrücken

$$\mathsf{E} = \frac{1}{2}\,\Sigma\,\mu v^2$$

und

$$\mathsf{Q}_\iota = \Sigma\left(k_1\frac{\partial x_1}{\partial q_\iota} + k_2\frac{\partial x_2}{\partial q_\iota} + k_3\frac{\partial x_3}{\partial q_\iota}\right)$$

die Summen über alle Massenpunkte bezw. über alle Angriffspunkte der Elementarkräfte auszudehnen.

In manchen Fällen ist das Zurückgehen auf die kinematischen und dynamischen Elementarbegriffe nicht erforderlich, ja selbst ein Eingehen auf die spezielle kinematische Konstitution des Systems ist zuweilen nicht notwendig. (Maxwell.)

15. Nach II., 15., hat man

$$\mu \bar{w} \delta \bar{x} = \frac{d}{d\tau}\left(\mu \dot{\bar{x}} \delta \bar{x}\right) - \delta E$$

für einen beliebigen Massenpunkt μ.

Die Anwendung des D'Alembertschen Prinzips gibt also die Fundamentalgleichung der Kinetik zeitlich wirkender Kräfte auch in der Form:

$$\frac{d}{d\tau} \Sigma \mu \bar{v} \delta \bar{x} - \delta \mathsf{E} = \Sigma \bar{k} \delta \bar{x}.$$

Hier tritt der Zusammenhang der Impulskinetik mit der Kinetik der zeitlich wirkenden Kräfte deutlich vor Augen. (Lagrange.)

Wir übertragen jetzt die Vorstellung stationärer Kräfte auf die Operation δ und den Begriff des Virials auf ganze Systeme, indem wir schreiben:

$$\Sigma \bar{k} \bar{x} = \mathsf{V}_k, \qquad \Sigma \mu \dot{\bar{x}} \bar{x} = \mathsf{V}_v,$$

$$\Sigma \bar{k} \delta \bar{x} = (\delta) \mathsf{V}_k \quad \text{und} \quad \Sigma \mu \dot{\bar{x}} \delta \bar{x} = (\delta) \mathsf{V}_v.$$

Dann nimmt die Fundamentalgleichung die begrifflich durchsichtige Form an:

$$\frac{d}{d\tau}\left[(\delta) \mathsf{V}_v\right] - \delta \mathsf{E} = (\delta) \mathsf{V}_k.$$

Für den Fall der Existenz einer Kräftefunktion U, welche der Gleichung $(\delta) V_k = \delta U$ genügt, wird:

$$\frac{d}{d\tau}\left[(\delta) V_v\right] = \delta (E + U).$$

Auf dieser Lagrangeschen Gleichung hat Hamilton weitergebaut.

Das Prinzip der Erhaltung der Energie läßt sich ohne weiteres auf Systeme übertragen (III., c., 9.) und lautet in unserer Bezeichnung:

$$\mathsf{E} - \mathsf{U} = \mathsf{H}.$$

Wird U konstant, dann verschwindet die Wirkung der Kräfte $\bar{k}$ und E wird ebenfalls konstant, woraus man schließen kann, daß das Prinzip der virtuellen Verschiebungen unter Voraussetzung positiver Elementarmassen μ in der Tat mit der gewöhnlichen Vorstellung des Gleichgewichts in vollständiger Übereinstimmung ist. Denn die Größe

$$\mathsf{E} = \frac{1}{2} \Sigma \mu v^2$$

kann jetzt nur verschwinden, wenn die einzelnen Elementargeschwindigkeiten $\bar{v}$ Null sind.

Hiermit ist gleichzeitig das Lagrangesche Additionsprinzip (II., 11.) für kinematische Elementarvektoren auch in seiner Ausdehnung auf Systeme gerechtfertigt, und man erkennt, daß die ganze Mechanik, wie sie bisher systematisch entwickelt wurde, lediglich auf der Vorstellung des Virials und seiner Angriffsderivierten aufgebaut ist.

Die Drei-Vektor-Gleichung, welche dem D'Alembertschen Prinzip zu Grunde liegt, hat einen ausgeprägt logischen — nicht axiomatischen Charakter. (Voß.)

E. Bewegung des starren Systems.

16. Durch Kombination der hierher gehörigen kinematischen (II., 19.) und dynamischen (III., a., 2.) Betrachtungen erhält man für die Bewegung eines freien starren Körpers unmittelbar die Eulerschen Gleichungen:

$$\mu^* \left[\frac{d^2\bar{c}}{d\tau^2} + \overline{\frac{d\omega}{d\tau} \cdot a^*} + \overline{\omega(\omega a^*)}\right] = \bar{k},$$

$$\mu^* \overline{a^* \cdot \frac{d^2 c}{d\tau^2}} + \frac{d\bar{J}}{d\tau} + \overline{\omega J} = \Sigma\,\overline{(x-c)k}.$$

Für $\bar{a}^* = 0$ nehmen sie die einfachere Form

$$\mu^* \frac{d^2\bar{c}}{d\tau^2} = \bar{\mathsf{k}}, \qquad \frac{d\bar{J}}{d\tau} + \overline{\omega J} = \overline{\mathsf{M}_k}$$

an.

Die Vorgänge der Translation und Rotation erscheinen jetzt vollständig getrennt, indem die Resultierende $(\bar{\mathsf{k}})$ der Elementarkräfte die Bewegung des Schwerpunktes und das Moment $(\overline{\mathsf{M}_k})$ derselben die Drehung um diesen Punkt gesondert beeinflussen.

Für den Schwerpunkt erhält man die Rotationsgleichungen in Komponentenform bezüglich dreier im beweglichen System festen Achsen:

$$\frac{dJ_1}{d\tau} + \omega_2' J_3 - \omega_3' J_2 = M_1',$$

$$\frac{dJ_2}{d\tau} + \omega_3' J_1 - \omega_1' J_3 = M_2',$$

$$\frac{dJ_3}{d\tau} + \omega_1' J_2 - \omega_2' J_1 = M_3',$$

wobei die betreffenden Komponenten durch den Index $'$ von den Komponenten nach den im ruhenden Raume festen Achsen unterschieden sind.

Gewöhnlich bezieht man auch noch die Trägheitsmomente auf die Hauptachsen des Körpers, so daß

$$J_1 = T_1 \omega_1', \quad J_2 = T_2 \omega_2', \quad J_3 = T_3 \omega_3'$$

wird. Die entsprechende Form der Eulerschen Rotationsgleichungen ist dann:

$$T_1 \frac{d\omega_1'}{d\tau} + (T_3 - T_2)\, \omega_2' \omega_3' = M_1',$$

$$T_2 \frac{d\omega_2'}{d\tau} + (T_1 - T_3)\, \omega_3' \omega_1' = M_2',$$

$$T_3 \frac{d\omega_3'}{d\tau} + (T_2 - T_1)\, \omega_1' \omega_2' = M_3'.$$

17. Der Vektor $\overline{x}$ sei nach drei im Raume festen rechtwinkligen Achsen (Fig. 17) dargestellt durch:

$$\overline{x} = x_1 \cdot \overline{\varepsilon}_1 + x_2 \cdot \overline{\varepsilon}_2 + x_3 \cdot \overline{\varepsilon}_3.$$

Dann sind x_1, x_2, x_3 die rechtwinkligen Koordinaten und es bestehen die Gleichungen:

$$\overline{\varepsilon}_1^2 = 1, \quad \overline{\varepsilon}_2^2 = 1, \quad \overline{\varepsilon}_3^2 = 1,$$

$$\overline{\varepsilon}_2 \overline{\varepsilon}_3 = 0, \quad \overline{\varepsilon}_3 \overline{\varepsilon}_1 = 0, \quad \overline{\varepsilon}_1 \overline{\varepsilon}_2 = 0.$$

Ferner sei:

$$\overline{a} = \overline{a}_1 + \overline{a}_2 + \overline{a}_3$$

entsprechend einer Zerlegung nach drei im rotierenden Körper festen Achsen.

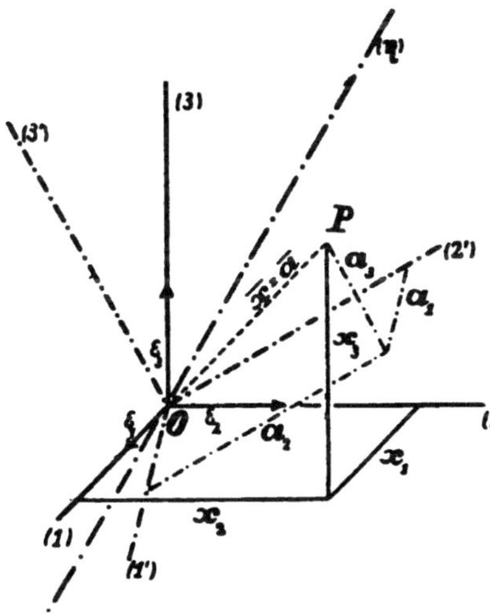

Fig. 17.

Aus der Identität

$$\bar{x} = \bar{a}$$

folgt sofort:

$$x_1 = \bar{\varepsilon}_1 \bar{a}, \qquad x_2 = \bar{\varepsilon}_2 \bar{a}, \qquad x_3 = \bar{\varepsilon}_3 \bar{a}, \quad \ldots \tag{a}$$

Setzen wir noch:

$$\bar{a} = a_1 \cdot \bar{\varepsilon}_1' + a_2 \cdot \bar{\varepsilon}_2' + a_3 \cdot \bar{\varepsilon}_3',$$

so daß also

$$\varepsilon_1'^2 = 1, \qquad \varepsilon_2'^2 = 1, \qquad \varepsilon_3'^2 = 1,$$

$$\bar{\varepsilon}_2' \bar{\varepsilon}_3' = 0, \qquad \bar{\varepsilon}_3' \bar{\varepsilon}_1' = 0, \qquad \bar{\varepsilon}_1' \bar{\varepsilon}_2' = 0$$

wird, dann ist auch:

$$a_1 = \bar{\varepsilon}_1' \bar{x}, \qquad a_2 = \bar{\varepsilon}_2' \bar{x}, \qquad a_3 = \bar{\varepsilon}_3' \bar{x}, \quad \ldots \tag{b}$$

Die Komponentenzerlegungen der Vektoren $\bar{\varepsilon}_1$, $\bar{\varepsilon}_2$, $\bar{\varepsilon}_3$ nach den Achsen der a_1, a_2, a_3 seien

$$\bar{\varepsilon}_1 = \bar{\varepsilon}_{11} + \bar{\varepsilon}_{12} + \bar{\varepsilon}_{13},$$

$$\bar{\varepsilon}_2 = \bar{\varepsilon}_{21} + \bar{\varepsilon}_{22} + \bar{\varepsilon}_{23},$$

$$\bar{\varepsilon}_3 = \bar{\varepsilon}_{31} + \bar{\varepsilon}_{32} + \bar{\varepsilon}_{33}.$$

Alsdann werden die Komponentenzerlegungen der Vektoren $\bar{\varepsilon}_1'$, $\bar{\varepsilon}_2'$, $\bar{\varepsilon}_3'$ nach den Achsen der x_1, x_2, x_3:

$$\bar{\varepsilon}_1' = \bar{\varepsilon}_{11} + \bar{\varepsilon}_{21} + \bar{\varepsilon}_{31},$$

$$\bar{\varepsilon}_2' = \bar{\varepsilon}_{12} + \bar{\varepsilon}_{22} + \bar{\varepsilon}_{32},$$

$$\bar{\varepsilon}_3' = \bar{\varepsilon}_{13} + \bar{\varepsilon}_{23} + \bar{\varepsilon}_{33}.$$

Man hat demnach explicit:

$$x_1 = \varepsilon_{11} a_1 + \varepsilon_{12} a_2 + \varepsilon_{13} a_3,$$

$$x_2 = \varepsilon_{21} a_1 + \varepsilon_{22} a_2 + \varepsilon_{23} a_3,$$

$$x_3 = \varepsilon_{31} a_1 + \varepsilon_{32} a_2 + \varepsilon_{33} a_3$$

und umgekehrt

$$a_1 = \varepsilon_{11} x_1 + \varepsilon_{21} x_2 + \varepsilon_{31} x_3,$$

$$a_2 = \varepsilon_{12} x_1 + \varepsilon_{22} x_2 + \varepsilon_{32} x_3,$$

$$a_3 = \varepsilon_{13} x_1 + \varepsilon_{23} x_2 + \varepsilon_{33} x_3.$$

Aus den Gleichungen (a) folgt durch Differentiation nach der Zeit:

$$\dot{\bar{x}}_1 = \dot{\bar{\varepsilon}}_1 \bar{a} = \dot{\bar{\varepsilon}}_1 \left(x_1 \bar{\varepsilon}_1 + x_2 \bar{\varepsilon}_2 + x_3 \bar{\varepsilon}_3\right),$$

$$\dot{\bar{x}}_2 = \dot{\bar{\varepsilon}}_2 \bar{a} = \dot{\bar{\varepsilon}}_2 \left(x_1 \bar{\varepsilon}_1 + x_2 \bar{\varepsilon}_2 + x_3 \bar{\varepsilon}_3\right),$$

$$\dot{\bar{x}}_3 = \dot{\bar{\varepsilon}}_3 \bar{a} = \dot{\bar{\varepsilon}}_3 \left(x_1 \bar{\varepsilon}_1 + x_2 \bar{\varepsilon}_2 + x_3 \bar{\varepsilon}_3\right).$$

Andererseits ist nach II., 16:

$$\dot{x}_1 = \omega_2 x_3 - \omega_3 x_2,$$

$$\dot{x}_2 = \omega_3 x_1 - \omega_1 x_3,$$

$$\dot{x}_3 = \omega_1 x_2 - \omega_2 x_1.$$

Aus der Vergleichung der beiden Ausdrücke für die Geschwindigkeitskomponenten erhält man:

$$\omega_1 = \bar{\varepsilon}_2 \dot{\bar{\varepsilon}}_3 = - \bar{\varepsilon}_3 \dot{\bar{\varepsilon}}_2,$$

$$\omega_2 = \bar{\varepsilon}_3 \dot{\bar{\varepsilon}}_1 = - \bar{\varepsilon}_1 \dot{\bar{\varepsilon}}_3,$$

$$\omega_3 = \bar{\varepsilon}_1 \dot{\bar{\varepsilon}}_2 = - \bar{\varepsilon}_2 \dot{\bar{\varepsilon}}_1,$$

wenn man die Identitäten

$$\overline{\varepsilon}_1\,\dot{\overline{\varepsilon}}_1 = 0\,,\quad \overline{\varepsilon}_2\,\dot{\overline{\varepsilon}}_2 = 0\,,\quad \overline{\varepsilon}_3\,\dot{\overline{\varepsilon}}_3 = 0\,,$$

$$\overline{\varepsilon}_1\,\dot{\overline{\varepsilon}}_2 + \dot{\overline{\varepsilon}}_1\,\overline{\varepsilon}_2 = 0\,,\quad \overline{\varepsilon}_2\,\dot{\overline{\varepsilon}}_3 + \dot{\overline{\varepsilon}}_2\,\overline{\varepsilon}_3 = 0\,,\quad \overline{\varepsilon}_3\,\dot{\overline{\varepsilon}}_1 + \dot{\overline{\varepsilon}}_3\,\overline{\varepsilon}_1 = 0$$

beachtet.

Es ist also

$$\overline{\omega} = \left(\overline{\varepsilon}_2\,\dot{\overline{\varepsilon}}_3\right)\cdot\overline{\varepsilon}_1 + \left(\overline{\varepsilon}_3\,\dot{\overline{\varepsilon}}_1\right)\cdot\overline{\varepsilon}_2 + \left(\overline{\varepsilon}_1\,\dot{\overline{\varepsilon}}_2\right)\cdot\overline{\varepsilon}_3\,.$$

18. Man kann die Geschwindigkeit $\dot{\overline{x}}$ auch nach den Achsen der a_1, a_2, a_3 zerlegen. Die entsprechenden Komponenten wollen wir mit $\dot{x}_1'$, $\dot{x}_2'$, $\dot{x}_3'$ bezeichnen. Damit ist

$$\dot{x}_1' = \overline{\varepsilon}_1'\,\dot{\overline{x}}\,,\quad \dot{x}_2' = \overline{\varepsilon}_2'\,\dot{\overline{x}}\,,\quad \dot{x}_3' = \overline{\varepsilon}_3'\,\dot{\overline{x}}\,.$$

Aus den Gleichungen (b) in 17. folgt aber durch Differentiation nach der Zeit:

$$0 = \overline{\varepsilon}_1'\,\dot{\overline{x}} + \dot{\overline{\varepsilon}}_1'\,\overline{x}\,,\quad 0 = \overline{\varepsilon}_2'\,\dot{\overline{x}} + \dot{\overline{\varepsilon}}_2'\,\overline{x}\,,\quad 0 = \overline{\varepsilon}_3'\,\dot{\overline{x}} + \dot{\overline{\varepsilon}}_3'\,\overline{x}\,.$$

Mithin wird:

$$\begin{aligned}
\dot{x}_1' &= -\dot{\overline{\varepsilon}}_1'\,\overline{x} = -\dot{\overline{\varepsilon}}_1'\left(a_1\,\overline{\varepsilon}_1' + a_2\,\overline{\varepsilon}_2' + a_3\,\overline{\varepsilon}_3'\right),\\
\dot{x}_2' &= -\dot{\overline{\varepsilon}}_2'\,\overline{x} = -\dot{\overline{\varepsilon}}_2'\left(a_1\,\overline{\varepsilon}_1' + a_2\,\overline{\varepsilon}_2' + a_3\,\overline{\varepsilon}_3'\right),\\
\dot{x}_3' &= -\dot{\overline{\varepsilon}}_3'\,\overline{x} = -\dot{\overline{\varepsilon}}_3'\left(a_1\,\overline{\varepsilon}_1' + a_2\,\overline{\varepsilon}_2' + a_3\,\overline{\varepsilon}_3'\right).
\end{aligned}$$

Setzt man noch:

$$\overline{\omega} = \omega_1'\cdot\overline{\varepsilon}_1' + \omega_2'\cdot\overline{\varepsilon}_2' + \omega_3'\cdot\overline{\varepsilon}_3'\,,$$

dann hat man nach der Beziehung

$$\dot{\overline{x}} = \overline{\omega\,x}$$

für die Komponenten nach den Achsen der a_1, a_2, a_3 die Formeln:

$$\begin{aligned}
\dot{x}_1' &= \omega_2'\,a_3 - \omega_3'\,a_2\,,\\
\dot{x}_2' &= \omega_3'\,a_1 - \omega_1'\,a_3\,,\\
\dot{x}_3' &= \omega_1'\,a_2 - \omega_2'\,a_1\,.
\end{aligned}$$

Die Vergleichung ergibt:

$$\begin{aligned}
\omega_1' &= \overline{\varepsilon}_3'\,\dot{\overline{\varepsilon}}_2' = -\overline{\varepsilon}_2'\,\dot{\overline{\varepsilon}}_3'\,,\\
\omega_2' &= \overline{\varepsilon}_1'\,\dot{\overline{\varepsilon}}_3' = -\overline{\varepsilon}_3'\,\dot{\overline{\varepsilon}}_1'\,,\\
\omega_3' &= \overline{\varepsilon}_2'\,\dot{\overline{\varepsilon}}_1' = -\overline{\varepsilon}_1'\,\dot{\overline{\varepsilon}}_2'\,.
\end{aligned}$$

19. In dem starren Körper nehmen wir einen beliebigen Punkt A an und setzen voraus, daß das System aus einer willkürlich gewählten Anfangslage durch eine endliche Drehung um die Achse OP in eine neue Lage übergehe. Die Amplitude der entsprechenden Rotation sei ϑ. Von A fällen wir das Lot $\overline{AC} = -\overline{k}$ auf OP. $\overline{CA}$ geht infolge der Rotation in $\overline{CB} = \overline{k} + \Delta\overline{k}$ über. Wir setzen $\overline{OA} = \overline{x}$ und tragen auf der Linie OP den Einheitsvektor $\overline{OE} = \overline{\eta}$ ab.

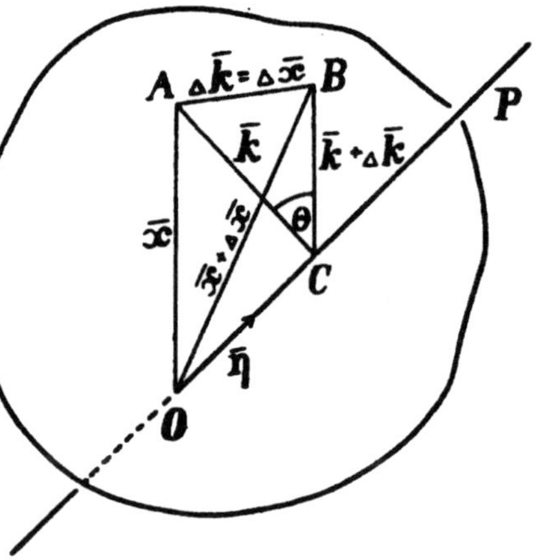

Fig. 67.

Dann folgt aus der Figur:

$$\overline{k(k+\Delta k)} = k^2 \sin\vartheta \cdot \overline{\eta},$$

$$\overline{k}\,\overline{(k+\Delta k)} = k^2 \cos\vartheta,$$

d. h.

$$\overline{k\cdot\Delta k} = k^2 \sin\vartheta \cdot \overline{\eta},$$

$$\overline{k}\cdot\Delta\overline{k} = -2k^2\sin^2\frac{\vartheta}{2}.$$

Es wird also (cf. I. 8.):

$$\Delta\overline{k} = \Delta\overline{x}\sin\vartheta\cdot\overline{\eta k} - 2\sin^2\frac{\vartheta}{2}\cdot\overline{k}.$$

In dem Dreieck OCA ist

$$\overline{CA} = \overline{(\eta x)\eta} = \overline{k}$$

also

$$\bar{k} = \bar{x} - (\bar{\eta}\,\bar{x}) \cdot \bar{\eta}$$

d. h.

$$\overline{\eta k} = \overline{\eta x}$$

und endlich

$$\Delta \bar{x} = \sin\vartheta \cdot \overline{\eta x} - 2\sin^2\frac{\vartheta}{2} \cdot \overline{(\eta x)\eta}.$$

Dies ist die Fundamentalgleichung für **endliche** Drehungen eines starren Systems. Setzt man hierin

$$\bar{\lambda} = \operatorname{tg}\frac{\vartheta}{2} \cdot \bar{\eta},$$

dann wird durch die Einführung des Vektors $\bar{\lambda}$:

$$\Delta\bar{x} = \frac{2}{1+\lambda^2}\left[\overline{\lambda x} + \overline{\lambda(\lambda x)}\right]$$

und

$$\bar{x} + \Delta\bar{x} = \frac{1-\lambda^2}{1+\lambda^2} \cdot \bar{x} + \frac{2}{1+\lambda^2}\left[(\bar{\lambda}\bar{x}) \cdot \bar{\lambda} + \overline{\lambda x}\right].$$

Wir ersetzen hierin $\bar{x}$ durch $\bar{a}$ und $\bar{x} + \Delta\bar{x}$ durch $\bar{x}$. Alsdann erhält man:

$$\bar{x} = \frac{1-\lambda^2}{1+\lambda^2} \cdot \bar{a} + \frac{2}{1+\lambda^2}\left[(\bar{\lambda}\bar{a}) \cdot \bar{\lambda} + \overline{\lambda a}\right].$$

Die Vergleichung mit (cf. Gleichung a in 17.)

$$x_1 = \bar{\varepsilon}_1\,\bar{a}, \quad x_2 = \bar{\varepsilon}_2\,\bar{a}, \quad x_3 = \bar{\varepsilon}_3\,\bar{a}$$

ergibt die Ausdrücke:

$$\gamma \cdot \varepsilon_{11} = 1 + \lambda_1^2 - \lambda_2^2 - \lambda_3^2, \quad \gamma \cdot \varepsilon_{12} = 2(\lambda_1\lambda_2 - \lambda_3),$$

$$\gamma \cdot \varepsilon_{13} = 2(\lambda_1\lambda_3 + \lambda_2),$$

$$\gamma \cdot \varepsilon_{21} = 2(\lambda_1\lambda_2 + \lambda_3), \quad \gamma \cdot \varepsilon_{22} = 1 - \lambda_1^2 + \lambda_2^2 - \lambda_3^2,$$

$$\gamma \cdot \varepsilon_{23} = 2(\lambda_2\lambda_3 - \lambda_1),$$

$$\gamma \cdot \varepsilon_{31} = 2(\lambda_1\lambda_3 - \lambda_2), \quad \gamma \cdot \varepsilon_{32} = 2(\lambda_2\lambda_3 + \lambda_1),$$

$$\gamma \cdot \varepsilon_{33} = 1 - \lambda_1^2 - \lambda_2^2 + \lambda_3^2,$$

worin zur Abkürzung:

$$\gamma = 1 + \lambda^2 = 1 + \lambda_1^2 + \lambda_2^2 + \lambda_3^2$$

gesetzt ist. (Rodrigues.)

Die Komponenten λ_1, λ_2, λ_3 des Vektors $\overline{\lambda}$ dienen als Koordinaten für die Lagenbestimmung des rotierenden starren Körpers.

20. Da jetzt die Hilfsvektoren $\overline{\varepsilon_1}$, $\overline{\varepsilon_2}$, $\overline{\varepsilon_3}$ und $\overline{\varepsilon_1'}$, $\overline{\varepsilon_2'}$, $\overline{\varepsilon_3'}$ durch die Koordinaten λ_1, λ_2, λ_3 bestimmt sind, so kann man nach III. c. 17. 18. auch sofort die Komponenten ω_1, ω_2, ω_3 bezw. ω_1', ω_2', ω_3' durch diese Koordinaten und ihre vollständigen Zeitderivierten $\dot{\lambda}_1$, $\dot{\lambda}_2$, $\dot{\lambda}_3$ ausdrücken. Man erhält (Cayley):

$$\frac{1}{2}\gamma \cdot \omega_1 = \dot{\lambda}_1 + \lambda_2 \dot{\lambda}_3 - \lambda_3 \dot{\lambda}_2 ,$$

$$\frac{1}{2}\gamma \cdot \omega_2 = \dot{\lambda}_2 + \lambda_3 \dot{\lambda}_1 - \lambda_1 \dot{\lambda}_3 ,$$

$$\frac{1}{2}\gamma \cdot \omega_3 = \dot{\lambda}_3 + \lambda_1 \dot{\lambda}_2 - \lambda_2 \dot{\lambda}_1 ,$$

beziehungsweise:

$$\frac{1}{2}\gamma \cdot \omega_1' = \dot{\lambda}_1 - (\lambda_2 \dot{\lambda}_3 - \lambda_3 \dot{\lambda}_2) ,$$

$$\frac{1}{2}\gamma \cdot \omega_2' = \dot{\lambda}_2 - (\lambda_3 \dot{\lambda}_1 - \lambda_1 \dot{\lambda}_3) ,$$

$$\frac{1}{2}\gamma \cdot \omega_3' = \dot{\lambda}_3 - (\lambda_1 \dot{\lambda}_2 - \lambda_2 \dot{\lambda}_1) .$$

In den Eulerschen Rotationsgleichungen (III., c. 16.) sind diese Größen einzuführen, wenn es sich um ein Problem handelt, bei welchem das Moment $\overline{M_k'}$ der äußeren Kräfte in bekannter Form von den absoluten Koordinaten x_1, x_2, x_3 abhängt.

Natürlich wird man zu demselben Resultat kommen, wenn die Lagrangeschen Gleichungen als Ausgangspunkt gewählt werden. Die exakte Integration der so gewonnenen Bewegungsgleichungen ist nur in einigen speziellen Fällen ausführbar. Man muß aber immer im Auge behalten, daß die Nährungsmethoden Mittel an die Hand geben, welche in jedem gegebenen Falle zu praktisch brauchbaren Resultaten führen.

21. Rotation um eine feste Raumachse. In diesem Falle setzen wir

$$\delta\vartheta_1 = 0\,, \quad \delta\vartheta_2 = 0\,, \quad \delta\vartheta_3 = \delta\vartheta$$

und folgern aus den kinematischen Grundgleichungen

$$\delta x_1 = -\,\delta\vartheta \cdot x_2\,, \quad \delta x_2 = \delta\vartheta \cdot x_1$$

die Differentialgleichungen:

$$\frac{d x_1}{d\vartheta} = -\,x_2\,, \qquad \frac{d x_2}{d\vartheta} = x_1$$

sowie:

$$\frac{d^2 x_1}{d\vartheta^2} = -\,x_1\,, \qquad \frac{d^2 x_2}{d\vartheta^2} = -\,x_2\,.$$

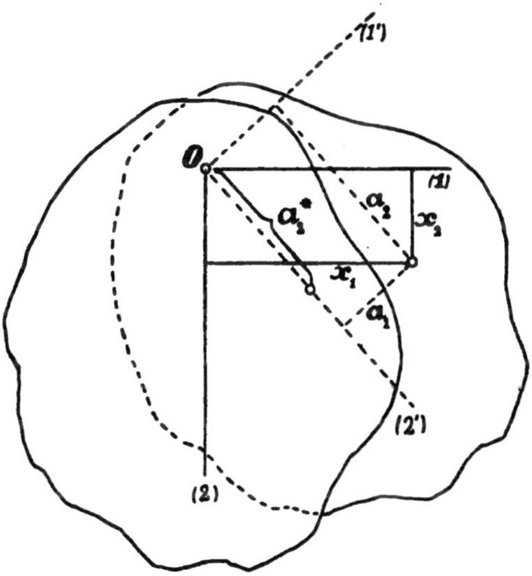

Fig. 19.

Die Integration ergibt sofort:

$$x_1 = A_1 \cos\vartheta + B_1 \sin\vartheta\,,$$
$$x_2 = A_2 \cos\vartheta + B_2 \sin\vartheta\,,$$

oder, wenn man für $\vartheta = 0$, $x_1 = a_1$, $x_2 = a_2$ und für $\vartheta = 90^0$, $x_1 = -a_2$, $x_2 = a_1$ setzt:

$$x_1 = a_1 \cos\vartheta - a_2 \sin\vartheta,$$
$$x_2 = a_1 \sin\vartheta + a_2 \cos\vartheta.$$

Diese Gleichungen wollen wir auf ein räumliches Pendel mit beliebiger Massenverteilung anwenden.

Dann wird

$$\mathsf{E} = \frac{1}{2} \Sigma \mu (\dot{x}_1^2 + \dot{x}_2^2),$$

wenn die Masse μ sich auf ein prismatisches Raumelement, dessen Achse der Rotationsachse parallel ist, bezieht.

Man erhält sofort:

$$\mathsf{E} = \frac{1}{2} \Sigma \mu (a_1^2 + a_2^2) \cdot \dot{\vartheta}^2 = \frac{1}{2} T \cdot \dot{\vartheta}^2$$

und nach der Lagrangeschen Gleichung

$$\frac{d}{d\tau}\left(\frac{\partial \mathsf{E}}{\partial \dot{\vartheta}}\right) - \frac{\partial \mathsf{E}}{\partial \vartheta} = \Sigma \left(k_1 \frac{\partial x_1}{\partial \vartheta} + k_2 \frac{\partial x_2}{\partial \vartheta}\right)$$

die Bewegungsgleichung in der Form:

$$T \frac{d^2 \vartheta}{d\tau^2} = \Sigma (k_2 \cos\vartheta - k_1 \sin\vartheta) a_1$$
$$- \Sigma (k_2 \sin\vartheta + k_1 \cos\vartheta) a_2$$

oder:

$$T \frac{d^2 \vartheta}{d\tau^2} = \cos\vartheta \cdot \Sigma (a_1 k_2 - a_2 k_1)$$
$$- \sin\vartheta \cdot \Sigma (a_1 k_1 + a_2 k_2).$$

Von besonderer Wichtigkeit ist der Fall eines schweren Pendels, wo also nur die Schwerkraft μg auf den Massenpunkt μ wirkt. Dann kann man

$$k_1 = 0 \quad \text{und} \quad k_2 = \mu g$$

setzen und man erhält durch Einführung der Schwerpunktskoordinaten (a_1^*, a_2^*) die Bewegungsgleichung

$$T \frac{d^2 \vartheta}{d\tau^2} = \mu^* g (a_1^* \cos\vartheta - a_2^* \sin\vartheta).$$

Wählt man also die im rotierenden Körper festen Achsen so, daß $a_1^* = 0$ wird, dann ist:

$$\frac{d^2\vartheta}{d\tau^2} = -\mu^* \frac{g}{T} a_2^* \cdot \sin\vartheta.$$

Nun hatten wir aber für das einfache Pendel von der Länge r (III., c., 13.) die Bewegungsgleichung:

$$\frac{d^2\vartheta}{d\tau^2} = -\frac{g}{r}\sin\vartheta.$$

Das körperliche Pendel ist also mit dem eintachen Pendel von der Länge:

$$r = \frac{T}{\mu^* a_2^*}$$

kinetisch kongruent. (Huyghens.)

F. Unstetige kinetische Prozesse.

22. Jede Bewegung nach den Gleichungen:

$$\frac{d}{dt}\left(\frac{\partial E}{\partial \dot{q}_\iota}\right) - \frac{\partial E}{\partial q_\iota} = 0 \quad \ldots \qquad \text{(a)}$$

$$\iota = 1, 2, \ldots, \nu$$

erfolgt mit konstanter Energie, so daß

$$E = E_0$$

immer ein Integral dieser Differentialgleichungen ist.

Für einen freien materiellen Punkt ist die Bahn — unter der obigen Voraussetzung — selbstverständlich eine gerade Linie. Ist der Punkt gezwungen, auf einer festen Kurve zu bleiben, dann vollzieht sich die Bewegung längs derselben mit konstanter Geschwindigkeit.

Die Bahn eines Punktes auf einer festen Fläche wird eine geodätische Linie auf dieser sein, wenn keine äußere Kraft wirkt.

Endlich beschreibt bei einem frei beweglichen starren Körper der Schwerpunkt eine gerade Linie, während gleichzeitig Rotation um diesen Punkt gemäß den Gleichungen:

$$\frac{d}{d\tau}\left(\frac{\partial E}{\partial \dot{\lambda}_1}\right) - \frac{\partial E}{\partial \lambda_1} = 0,$$

$$\frac{d}{d\tau}\left(\frac{\partial E}{\partial \dot{\lambda}_2}\right) - \frac{\partial E}{\partial \lambda_2} = 0,$$

$$\frac{d}{d\tau}\left(\frac{\partial E}{\partial \dot{\lambda}_3}\right) - \frac{\partial E}{\partial \lambda_3} = 0$$

erfolgt. Statt dieser Gleichungen in den Rodriguesschen Koordinaten λ_1, λ_2, λ_3 kann man natürlich auch die Eulerschen Gleichungen (III., c., 16.) benutzen, dieselben integrieren und dann aus den Gleichungen (III., c., 20.) für ω_1', ω_2', ω_3' die Endintegrale ableiten. Die Theorie der elliptischen Funktionen führt zur allgemeinen Lösung dieses vielfach bearbeiteten Problems. Handelt es sich jedoch um die Darstellung der Bewegung für einen verhältnismäßig kurzen Zeitverlauf — wie wir im folgenden voraussetzen — dann sind die weit bequemeren Näherungsmethoden*) für Differentialgleichungen, welche jetzt in großer Auswahl (Runge, Kutta) vorliegen, entschieden vorzuziehen. Denn dieselben erlauben ebenfalls — bei hinreichender Genauigkeit — die allgemeinen Parameter (Konstanten) des Problems beizubehalten und sind keineswegs auf rein numerische Rechnungen beschränkt. Auch für allgemeinere Mechanismen mit einer endlichen Anzahl von Freiheitsgraden können diese Methoden Verwendung finden.

23. Wir wollen nun für die folgenden Betrachtungen der unstetigen Bewegungsprozesse voraussetzen, das vollständige Integralsystem der Gleichungen (a) sei bekannt und durch die Konstanten $a_1, a_2, \ldots, a_\nu, c_1, c_2, \ldots, c_\nu$ charakterisiert. Diese 2ν Integrale mögen abgekürzt durch die Symbole

$$\left.\begin{aligned} f_\iota(a, c, q, \dot{q}, \tau) &= 0 \\ \text{und} \qquad F_\iota(a, c, q, \tau) &= 0 \end{aligned}\right\} \ldots \qquad \text{(b)}$$

$$\iota = 1, 2, \ldots, \nu$$

bezeichnet werden.

---

*) Math. Ann. 46. Ztschr. f. Math. u. Phys. 45 u. 46.

Aus den Gleichungen (b) folgt:

$$\left.\begin{aligned} \dot{q}_\iota &= \varphi_\iota(a, c, \tau) \\ q_\iota &= \Phi_\iota(a, c, \tau) \end{aligned}\right\} \quad \ldots \qquad \text{(c)}$$

und auch:

$$a_\iota = h_\iota(q, \dot{q}, \tau), \quad c_\iota = H_\iota(q, \dot{q}, \tau), \quad \ldots \qquad \text{(d)}$$

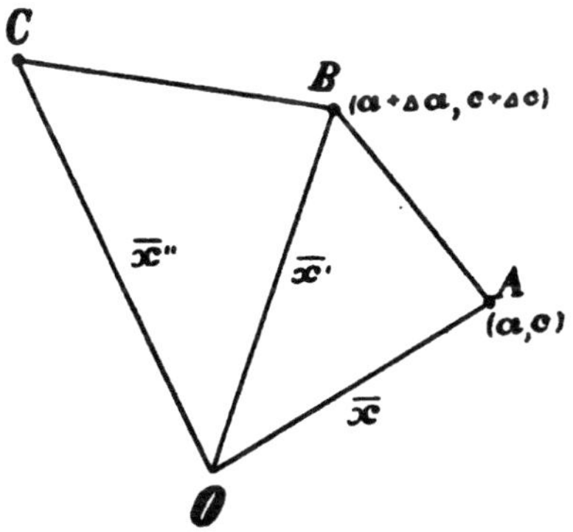

Fig. 20.

Wir lassen die durch die Gleichungen (b) dargestellte Bewegung während des Zeitintervalls $\tau_1 - \tau_0$ vor sich gehen, so daß das System aus einem Lagen- und Geschwindigkeitszustande (A) in einen zweiten Zustand (B) übergeht. Sobald der Zustand (B) erreicht wird, soll eine Impulsion stattfinden, welche die Koordinatengeschwindigkeiten $\dot{q}_\iota$ plötzlich in $\dot{q}_\iota + \Delta\dot{q}_\iota$ überführt.

Den Gleichungen (d) entsprechend erfahren die ursprünglichen Konstanten (a_ι, c_ι) jetzt Inkremente (Δa_ι, Δc_ι), so daß die Beziehungen

$$\left.\begin{aligned} a_\iota + \Delta a_\iota &= h_\iota(q, \dot{q} + \Delta\dot{q}, \tau) \\ c_\iota + \Delta c_\iota &= H_\iota(q, \dot{q} + \Delta\dot{q}, \tau) \end{aligned}\right\} \quad \ldots \qquad \text{(d')}$$

gelten. Die Koordinaten q_ι dagegen bleiben ungeändert.

Betrachten wir also jetzt neben der angedeuteten unstetigen Bewegung eine stetige Bewegung, welche den Gleichungen

$$\frac{d}{d\tau}\left(\frac{\partial E}{\partial \dot{q}_\iota}\right) - \frac{\partial E}{\partial q_\iota} = Q_\iota, \quad \ldots \qquad \text{(e)}$$

entspricht, dann müssen wir zur Bestimmung der Komponenten der Momentankräfte

$$\frac{\partial E}{\partial q_1} = \frac{\partial E}{\partial q_2} = \ldots = \frac{\partial E}{\partial q_\nu} = 0$$

setzen und erhalten:

$$\left(\frac{\partial E}{\partial \dot{q}_\iota}\right)_1 - \left(\frac{\partial E}{\partial \dot{q}_\iota}\right)_0 = \int_{\tau_0}^{\tau_1} Q_\iota d\tau, \quad \ldots \qquad \text{(f)}$$

wodurch wir einen Anschluß der unstetigen Bewegung an die durch die Gleichungen (e) charakterisierte stetige Bewegung erzielen, wenn das Zeitintervall $\tau_1 - \tau_0$ genügend klein gewählt ist.

Aus den Gleichungen (f) gewinnt man die neuen Werte der Koordinatengeschwindigkeiten $\dot{q}_\iota$, also auch die Δq_ι, somit nach den Gleichungen (d′) die Inkremente Δa_ι, Δc_ι. Hiermit verfolgt man wieder die kraftlose Bewegung ($Q_\iota = 0$) nach den Gleichungen (c) während des Zeitintervalles $\tau_2 - \tau_1$ bis in einen Lagen- und Geschwindigkeitszustand (C), läßt eine zweite den Gleichungen

$$\left(\frac{\partial E}{\partial \dot{q}_\iota}\right)_2 - \left(\frac{\partial E}{\partial \dot{q}_\iota}\right)_1 = \int_{\tau_1}^{\tau_2} Q_\iota d\tau$$

entsprechende Impulsion folgen und fährt in der angedeuteten Weise fort.

Der so gestaltete unstetige Bewegungsprozeß schließt sich um so mehr der vorgelegten stetigen Bewegung an, je kleiner man die aufeinander folgenden Zeitintervalle wählt.

Sollten in den Komponenten

$$Q_1, \; Q_2, \; \ldots, \; Q_\nu$$

außer den Koordinaten q_ι noch die Größen q_ι vorkommen — wie es bei wichtigen technischen Problemen nicht selten der Fall ist — dann verfährt man genau in der oben angedeuteten Weise und betrachtet in den Gleichungen (f) die $\dot{q}_\iota$ als konstante Größen oder führt allenfalls konstante Mittelwerte für dieselben ein.

Nach diesem Verfahren, dessen Grundzüge sich schon bei Lagrange angedeutet finden, kann man bei allen verwickelten Problemen, die sich der allgemeinen mathematischen (exakten) Integration widersetzen, praktisch **brauchbare** Lösungen gewinnen, ohne daß man gezwungen ist, zu rein numerischen Näherungen, die oft nutzlos sind, Zuflucht zu nehmen.

24. Selbstverständlich ist diese Methode der unstetigen Anschlußbewegungen keineswegs an die Bedingungen

$$Q_1 = 0, \quad Q_2 = 0, \quad \ldots, \quad Q_\nu = 0$$

für die Herleitung der fortschreitenden Elementarbewegungen, welche den Gleichungen (c) entsprechen, gebunden. Es ändert sich nichts, wenn man als solche von vornherein eine Bewegung gemäß den Gleichungen

$$\frac{d}{d\tau}\left(\frac{\partial E}{\partial \dot{q}_\iota}\right) - \frac{\partial E}{\partial q_\iota} = Q_\iota$$

unter der Voraussetzung hinreichender Einfachheit zu Grunde legt und im Verein mit den erforderlichen Impulsionen Anschluß an die durch die Gleichungen

$$\frac{d}{d\tau}\left(\frac{\partial E}{\partial \dot{q}_\iota}\right) - \frac{\partial E}{\partial q_\iota} = Q_\iota + Q_\iota'$$

dargestellten allgemeinen Bewegungsvorgänge gewinnen will. Diese Vorstellung entspricht der **Spaltung des Kraftfeldes**, wie sie in der Störungstheorie der Astronomen seit langer Zeit üblich ist.

G. Gleichgewichtsstörungen.

25. Die Bedingungen des statischen Gleichgewichts (Positionsgleichgewichts) für ein System von ν Graden der Bewegungsfreiheit sind gleichbedeutend mit dem Verschwinden sämtlicher Komponenten des Vektors der Kraft in bezug auf dieses System. Es ist also in den Gleichungen von **Lagrange**:

$$Q_1 = 0, \quad Q_2 = 0, \quad \ldots, \quad Q_\nu = 0.$$

Eine Störung der Gleichgewichtszustände, welche diesen Gleichungen entsprechen, kann man sich auf mannigfache Weise bewirkt denken. Sie tritt ein, wenn man das materielle

System einer kleinen allgemeinen oder partiellen Verrückung unterwirft, welche alle oder einige der Koordinaten $q_1, q_2, \ldots q_\nu$ betrifft. Eine gleiche Wirkung erzielt eine kleine Impulsion des Systems oder eine kleine Änderung des äußeren Kräftesystems. Endlich wird man eine Gleichgewichtsstörung auch hervorrufen, wenn eine kleine Änderung in der Konstitution*) des Systems vor sich geht. Die Beschränkung der angedeuteten Prozesse auf ein geringes Maß erfolgt nur mit Rücksicht auf die bequeme Integration der Differentialgleichungen des infolge der Gleichgewichtsstörung eintretenden kinetischen Prozesses und genügt außerdem dem statischen Interesse, welchem diese Betrachtungen meist dienen.

Es ist unmöglich, hier die einzelnen oben angedeuteten Störungsarten gesondert zu untersuchen. Wir begnügen uns vielmehr mit der Voraussetzung einer störenden Impulsion, deren sämtliche Komponenten sehr kleine Größen sind. Man kennt in diesem Falle die Werte der Koordinatengeschwindigkeiten

$$\dot{q}_1, \dot{q}_2, \ldots, \dot{q}_\nu$$

für die Zeit $\tau = 0$.

Der eintretende Bewegungsprozeß ist dann durch die Lagrangeschen Gleichungen

$$\frac{d}{d\tau}\left(\frac{\partial E}{\partial \dot{q}_\iota}\right) - \frac{\partial E}{\partial q_\iota} = Q_\iota' \;\ldots\ldots \tag{a}$$

bestimmt, worin die Komponenten Q_ι' jedenfalls sehr kleine Größen sind, welche wir uns nur von den Koordinaten q_ι abhängig denken.

Die in Betracht gezogene Gleichgewichtsposition sei durch die Koordinatenwerte

$$q_1 = a_1, \quad q_2 = a_2, \ldots, q_\nu = a_\nu$$

geometrisch bestimmt. Infolge der eintretenden Bewegung werden dieselben

$$q_1 = a_1 + r_1, \quad q_2 = a_2 + r_2, \ldots, q_\nu = a_\nu + r_\nu,$$

sodaß die r_ν für die erste Periode der auf die Störung

*) Dieser Fall wurde von Routh unter der Bezeichnung „initial motions“ zuerst eingehender untersucht.

folgenden Bewegung jedenfalls als sehr kleine Größe betrachtet werden können.

Man hat dieser Auffassung entsprechend

$$Q_\iota' = \gamma_{\iota 1} r_1 + \gamma_{\iota 2} r_2 + \ldots + \gamma_{\iota \nu} r_\nu$$

zu setzen, da die Q_ι' mit den Größen r_ι verschwinden müssen, so daß die $\gamma_{\iota\varkappa}$ konstante Größen bedeuten.

Die kinetische Energie E hat die Form

$$E = \frac{1}{2}\left[\eta_{11}\dot{r}_1^2 + 2\,\eta_{12}\dot{r}_1\dot{r}_2 + \ldots + \eta_{\nu\nu}\dot{r}_\nu^2\right],$$

worin die Größen $\eta_{\lambda\varkappa}$ noch von den Koordinaten $q_1, q_2, \ldots q_\nu$ abhängen. Da aber die $\dot{r}_\iota$ infolge der Voraussetzung einer kleinen impulsiven Störung nach Beginn der Bewegung ebenfalls anfänglich noch kleine Größen bleiben, so können wir die Koeffizienten $\eta_{\lambda\varkappa}$ in E als konstante Größen betrachten und es wird in den Gleichungen

$$\text{(a)} \qquad \frac{\partial E}{\partial q_\iota} = \frac{\partial E}{\partial r_\iota} = 0$$

und

$$\frac{\partial E}{\partial \dot{q}_\iota} = \frac{\partial E}{\partial \dot{r}_\iota} = \mathop{S}_{\varkappa=1}^{\varkappa=\nu} \eta_{\iota\varkappa}\cdot\dot{r}_\varkappa$$

also

$$\frac{d}{d\tau}\left(\frac{\partial E}{\partial \dot{q}_\iota}\right) = \mathop{S}_{\varkappa=1}^{\varkappa=\nu} \eta_{\iota\varkappa}\cdot\ddot{r}_\varkappa .$$

Die Lagrangeschen Gleichungen, welche die Bewegung aus der Gleichgewichtslage darstellen, werden demnach

$$\text{(b)} \quad \begin{cases} \eta_{11}\dfrac{d^2 r_1}{d\tau^2} + \eta_{12}\dfrac{d^2 r_2}{d\tau^2} + \ldots + \eta_{1\nu}\dfrac{d^2 r_\nu}{d\tau^2} \\ \qquad = \gamma_{11} r_1 + \gamma_{12} r_2 + \ldots + \gamma_{1\nu} r_\nu \\ \eta_{21}\dfrac{d^2 r_1}{d\tau^2} + \eta_{22}\dfrac{d^2 r_2}{d\tau^2} + \ldots + \eta_{2\nu}\dfrac{d^2 r_\nu}{d\tau^2} \\ \qquad = \gamma_{21} r_1 + \gamma_{22} r_2 + \ldots + \gamma_{2\nu} r_\nu \\ \cdot \quad \cdot \quad \cdot \quad \cdot \quad \cdot \quad \cdot \quad \cdot \quad \cdot \quad \cdot \quad \cdot \\ \eta_{\nu 1}\dfrac{d^2 r_1}{d\tau^2} + \eta_{\nu 2}\dfrac{d^2 r_2}{d\tau^2} + \ldots + \eta_{\nu\nu}\dfrac{d^2 r_\nu}{d\tau^2} \\ \qquad = \gamma_{\nu 1} r_1 + \gamma_{\nu 2} r_2 + \ldots + \gamma_{\nu\nu} r_\nu . \end{cases}$$

In diesen Gleichungen sind alle konstanten Koeffizienten η und γ durch die Natur der Aufgabe bekannt. Sie lassen sich nach den üblichen Methoden der Analysis leicht integrieren.

Zur Ausführung der Integration führt Lagrange an Stelle der Variablen $r_1, r_2, \ldots, r_\nu$ neue Größen $s_1, s_2, \ldots, s_\nu$ ein, welche mit den ersteren durch die linearen Gleichungen

$$\left.\begin{aligned} s_1 &= \lambda_{11} r_1 + \lambda_{12} r_2 + \ldots + \lambda_{1\nu} r_\nu, \\ s_2 &= \lambda_{22} r_1 + \lambda_{22} r_2 + \ldots + \lambda_{2\nu} r_\nu, \\ &\ldots\ldots\ldots\ldots\ldots \\ s_\nu &= \lambda_{\nu 1} r_1 + \lambda_{\nu 2} r_2 + \ldots + \lambda_{\nu\nu} r_\nu, \end{aligned}\right\} \qquad (c)$$

verknüpft sind.

Man multipliziere die Differentialgleichungen (b) der Reihe nach mit den Größen $\lambda_1, \lambda_2, \ldots, \lambda_\nu$ und addiere die so erhaltenen Ausdrücke. In diesen setzt man

$$\begin{aligned} &\lambda_1 \eta_{11} + \lambda_2 \eta_{21} + \ldots + \lambda_\nu \eta_{\nu 1} = \lambda_1, \\ &\lambda_1 \gamma_{11} + \lambda_2 \gamma_{21} + \ldots + \lambda_\nu \gamma_{\nu 1} = -\varkappa^2 \lambda_1; \\ &\lambda_1 \eta_{12} + \lambda_2 \eta_{22} + \ldots + \lambda_\nu \eta_{\nu 2} = \lambda_2, \\ &\lambda_1 \gamma_{12} + \lambda_2 \gamma_{22} + \ldots + \lambda_\nu \lambda_{\nu 2} = -\varkappa^2 \lambda_2; \\ &\ldots\ldots\ldots\ldots\ldots \\ &\lambda_1 \eta_{1\nu} + \lambda_2 \eta_{2\nu} + \ldots + \lambda_\nu \eta_{\nu\nu} = \lambda_\nu, \\ &\lambda_1 \gamma_{1\nu} + \lambda_2 \gamma_{2\nu} + \ldots + \lambda_\nu \gamma_{\nu\nu} = -\varkappa^2 \lambda_\nu. \end{aligned}$$

Hieraus folgen die linearen Gleichungen:

$$\begin{aligned} &\lambda_1 (\varkappa^2 \eta_{11} + \gamma_{11}) + \lambda_2 (\varkappa^2 \eta_{21} + \gamma_{21}) + \ldots + \lambda_\nu (\varkappa^2 \eta_{\nu 1} + \gamma_{\nu 1}) = 0, \\ &\lambda_1 (\varkappa^2 \eta_{12} + \gamma_{12}) + \lambda_2 (\varkappa^2 \eta_{22} + \gamma_{22}) + \ldots + \lambda_\nu (\varkappa^2 \eta_{\nu 2} + \gamma_{\nu 2}) = 0, \\ &\ldots\ldots\ldots\ldots\ldots \\ &\lambda_1 (\varkappa^2 \eta_{1\nu} + \gamma_{1\nu}) + \lambda_2 (\varkappa^2 \eta_{2\nu} + \gamma_{2\nu}) + \ldots + \lambda_\nu (\varkappa^2 \eta_{\nu\nu} + \gamma_{\nu\nu}) = 0. \end{aligned}$$

Damit die Multiplikatoren $\lambda_1, \lambda_2 \ldots \lambda_\nu$ endliche Werte erhalten, muß die Gleichung:

$$\begin{vmatrix} \varkappa^2 \eta_{11} + \gamma_{11}, & \varkappa^2 \eta_{12} + \gamma_{12}, & \ldots, & \varkappa^2 \eta_{1\nu} + \gamma_{1\nu} \\ \varkappa^2 \eta_{21} + \gamma_{21}, & \varkappa^2 \eta_{22} + \gamma_{22}, & \ldots, & \varkappa^2 \eta_{2\nu} + \gamma_{2\nu} \\ \ldots & \ldots & \ldots & \ldots \\ \varkappa^2 \eta_{\nu 1} + \gamma_{\nu 1}, & \varkappa^2 \eta_{\nu 2} + \nu_{\nu 2}, & \ldots, & \varkappa^2 \eta_{\nu\nu} + \gamma_{\nu\nu} \end{vmatrix} = 0 \ldots, \qquad (d)$$

erfüllt sein. Den Wurzeln

$$\varkappa_1^2, \quad \varkappa_2^2, \ldots, \varkappa_\nu^2$$

dieser Gleichung entsprechen eindeutige Werte der Verhältnisse $\lambda_2 : \lambda_1$, $\lambda_3 : \lambda_1$, ..., $\lambda_\nu : \lambda_1$, so daß die Größen λ_{11}, λ_{12}, ..., $\lambda_{\nu\nu}$ in den Substitutionen (c) bis auf einen gemeinsamen Faktor bestimmt sind. Folglich ist unsere Aufgabe auf die Integration der Gleichung

$$\frac{d^2 s}{d\tau^2} + \varkappa^2 s = 0$$

zurückgeführt, deren allgemeine Lösung die Form

$$s = c \sin(\varkappa\tau + \varepsilon)$$

hat, worin c und ε die Integrationskonstanten bedeuten. Demnach ist auch

$$r_\iota = \mathop{S}_{\lambda=1}^{\lambda=\nu} \mathrm{e}_{\iota\lambda} \sin(\varkappa_\lambda \tau + \varepsilon_\lambda),$$

woraus man schließt, daß die Bewegung eine zusammengesetzte periodische ist, so lange alle Größen $\varkappa_1^2, \varkappa_2^2, \ldots, \varkappa_\nu^2$ positiv sind. In der Algebra wird gezeigt, daß sie stets reelle Werte haben. Die Gleichgewichtslage, aus deren Störung eine derartige Bewegung hervorgeht, nennt man eine stabile. Wird dagegen irgend eine der Größen $\varkappa_1^2, \varkappa_2^2, \ldots, \varkappa_\nu^2$ negativ, dann treten in den Integralgleichungen Glieder von der Form $\mathrm{e}^{\lambda\tau}$ $(\lambda > 0)$ auf. Es finden keine periodischen Schwingungen um die Gleichgewichtslage statt — und die letztere wird labil genannt.

Die Integrationskonstanten e und ε lassen sich in jedem Falle durch die Bedingungen $\dot{q}_\iota = \dot{r}_\iota = \beta$ und $r_\iota = 0$ für $\tau = 0$ bestimmen.

Es kann natürlich auch vorkommen, daß die determinierende Gleichung (d) mehrere zusammenfallende Wurzeln hat oder daß zwei oder mehrere Wurzeln verschwinden. Die entsprechenden Bewegungsformen verlangen eine besondere Untersuchung (Routh).

26. Der kinetische Gleichgewichtszustand eines Systems von ν Geraden der Freiheit ist charakterisiert durch

die Gleichungen (cf. IIIc., 11.):

$$\frac{\partial E}{\partial q_1} + Q_1 = 0, \quad \frac{\partial E}{\partial q_2} + Q_2 = 0, \quad \ldots, \quad \frac{\partial E}{\partial q_\nu} + Q_\nu = 0, \ldots \quad \text{(a)}$$

Hierin möge E die Form

$$E = \frac{1}{2}(\eta_{11}\dot{q}_1^2 + 2\eta_{12}\dot{q}_1\dot{q}_2 + \eta_{22}\dot{q}_2^2 + 2\eta_{13}\dot{q}_1\dot{q}_3 + \ldots \eta_{\nu\nu}\dot{q}_\nu^2)$$

haben. Nun ist

$$\frac{d}{d\tau}\left(\frac{\partial E}{\partial \dot{q}_1}\right) = 0, \quad \frac{d}{d\tau}\left(\frac{\partial E}{\partial \dot{q}_2}\right) = 0, \quad \ldots, \quad \frac{d}{d\tau}\left(\frac{\partial E}{\partial \dot{q}_\nu}\right) = 0,$$

also:

$$\frac{\partial E}{\partial \dot{q}_1} = c_1, \quad \frac{\partial E}{\partial \dot{q}_2} = c_2, \quad \ldots, \quad \frac{\partial E}{\partial \dot{q}_\nu} = c_\nu.$$

Folglich gelten die linearen Beziehungen:

$$\left.\begin{array}{l} \eta_{11}\dot{q}_1 + \eta_{12}\dot{q}_2 + \ldots + \eta_{1\nu}\dot{q}_\nu = c_1 \\ \eta_{21}\dot{q}_1 + \eta_{22}\dot{q}_2 + \ldots + \eta_{2\nu}\dot{q}_\nu = c_2 \\ \cdot\ \cdot\ \cdot\ \cdot\ \cdot\ \cdot\ \cdot\ \cdot\ \cdot\ \cdot\ \cdot\ \cdot\ \cdot\ \cdot \\ \eta_{\nu 1}\dot{q}_1 + \eta_{\nu 2}\dot{q}_2 + \ldots + \eta_{\nu\nu}\dot{q}_\nu = c_\nu \end{array}\right\} \quad \text{(b)}$$

worin

$$\eta_{\iota\varkappa} = \eta_{\varkappa\iota}$$

ist.

Aus den Gleichungen (b) folgen die Werte der $\dot{q}_\iota$ als Funktionen der Koordinaten $q_1, q_2, \ldots, q_\nu$. Mithin können auch die Derivierten $\frac{\partial E}{\partial q_\iota} = F_\iota$ als Funktionen dieser Koordinaten dargestellt werden. Aus den Gleichungen (a):

$$F_\iota + Q_\iota = 0, \qquad \iota = 1, 2, \ldots, \nu$$

lassen sich demnach im allgemeinen die Werte der Koordinaten bestimmen und zwar als von der Zeit unabhängige Größen, so daß alle $\dot{q}_\iota$ zu Null werden. Dann ist auch $E = 0$ und der kinetische Gleichgewichtszustand wird mit dem statischen identisch.

Sind aber die Gleichungen

$$F_1 + Q_1 = 0, \quad F_2 + Q_2 = 0, \quad \ldots, \quad F_\nu + Q_\nu = 0$$

nicht voneinander unabhängig oder reduzieren sich ϱ derselben auf Identitäten, dann bleiben nur $\nu - \varrho$ Koordinaten als feste Werte bestimmbar, und das System ist mit $\nu - \varrho$ Graden der Freiheit im kinetischen Gleichgewichtszustande. Derartige Formen für E und die Q_ι lassen sich leicht angeben.

27. Das einfachste Beispiel eines kinetischen Gleichgewichtszustandes bietet das sphärische Pendel. In diesem Falle (III., c., 11.) ist:

$$E = \frac{1}{2} a^2 (\dot{\vartheta}^2 + \sin^2 \vartheta \cdot \dot{\psi}^2),$$

$$Q_1 = - a g \sin \vartheta, \quad Q_2 = 0.$$

Man hat also:

$$\frac{\partial E}{\partial \vartheta} + Q_1 = a^2 \sin \vartheta \cos \vartheta \cdot \dot{\psi}^2 - a g \sin \vartheta = 0$$

und

$$\frac{\partial E}{\partial \psi} + Q_2 = 0$$

wird eine Identität.

Im kinetischen Gleichgewichtszustande sei $\vartheta = \alpha$ und $\dot{\psi} = \omega$, so daß

$$\omega^2 a \cos \alpha = g$$

wird.

Infolge der Störung möge $\vartheta = \alpha + \varphi$ und $\dot{\psi} = \omega + \sigma$ werden. Dann gelten für den eintretenden Bewegungszustand die Lagrangeschen Gleichungen:

$$\left.\begin{aligned} a^2 \frac{d^2 \vartheta}{d \tau^2} - a^2 \sin \vartheta \cos \vartheta \cdot \dot{\psi}^2 &= - a g \sin \vartheta \\ \frac{d}{d \tau} (a^2 \sin^2 \vartheta \cdot \dot{\psi}) &= 0. \end{aligned}\right\} \qquad \text{(a)}$$

Wir nehmen die Inkremente φ und σ als sehr kleine Größen an, so daß man

$$\sin \vartheta = \sin \alpha + \varphi \cdot \cos \alpha$$

und

$$\sin \vartheta \cos \vartheta = \sin \alpha \cos \alpha + \varphi \cdot \cos 2 \alpha$$

setzen kann.

Ferner ziehen wir von der Gleichung

$$a^2 \frac{d^2 \vartheta}{d\tau^2} - a^2 \sin\vartheta \cos\vartheta \cdot \dot{\psi}^2 = - a g \sin\vartheta$$

die Gleichung

$$- a^2 \sin\alpha \cos\alpha \cdot \omega^2 = - a g \sin\alpha$$

ab. Dann erhält man:

$$\frac{d^2 \vartheta}{d\tau^2} - (\sin\vartheta \cos\vartheta \cdot \dot{\psi}^2 - \sin\alpha \cos\alpha \cdot \omega^2)$$
$$= - \frac{g}{a} (\sin\vartheta - \sin\alpha)$$

oder

$$\frac{d^2 \varphi}{d\tau^2} - \omega\sigma \cdot \sin 2\alpha = \left(\omega^2 \cos 2\alpha - \frac{g}{a} \cos\alpha\right) \varphi \ldots \qquad \text{(b)}$$

Aus der zweiten Bewegungsgleichung von Lagrange folgt:

$$2\omega \cos\alpha \frac{d\varphi}{d\tau} + \sin\alpha \frac{d\sigma}{d\tau} = 0,$$

also:

$$\frac{d\sigma}{d\tau} = - 2\omega \operatorname{ctg}\alpha \cdot \frac{d\varphi}{d\tau}.$$

Die Elimination von $\frac{d\sigma}{d\tau}$ gibt dann die Differentialgleichung:

$$\frac{d^3 \varphi}{d\tau^3} + \omega^2 (1 + 3\cos^2\alpha) \frac{d\varphi}{d\tau} = 0.$$

Man hat also das Integral:

$$\frac{d\varphi}{d\tau} = A \cos(\varkappa\tau) + B \sin(\varkappa\tau), \ \ldots \qquad \text{(c)}$$

wenn zur Abkürzung

$$\omega \sqrt{1 + 3\cos^2\alpha} = \varkappa$$

gesetzt wird. Durch nochmalige Integration findet man dann:

$$\varphi = \frac{A}{\varkappa} \sin(\varkappa\tau) - \frac{B}{\varkappa} \cos(\varkappa\tau) + C \ \ldots \qquad \text{(d)}$$

Hier sind noch die Integrationskonstanten A, B, C zu bestimmen. Für $\tau = 0$ sei $\varphi = 0$, $\sigma = 0$ und $\frac{d\vartheta}{d\tau} = \frac{d\varphi}{d\tau} = \beta$, was der Voraussetzung entspricht, daß die Störung durch eine Impulsion erfolgt, welche $\dot{\vartheta} = 0$ plötzlich in $\dot{\vartheta} = \beta$ überführt. Dann erhält man aus den Gleichungen (d) und (c):

$$\vartheta = -\frac{B}{\varkappa} + C, \qquad \beta = A$$

und aus Gleichung (b):

$$\varkappa B = 0.$$

Mithin wird:

$$A = \beta, \qquad B = 0 \quad \text{und} \quad C = 0.$$

Die Gleichung

$$\varphi = \frac{\beta}{\varkappa} \sin \varkappa \tau$$

stellt also die durch die angegebene Störung eintretende Bewegung vollständig dar. Sie ist eine periodische und der untersuchte kinetische Gleichgewichtszustand des sphärischen Pendels ein stabiler.

Dasselbe gilt auch für die Änderung der Winkelgeschwindigkeit $\dot{\psi}$. Denn man erhält:

$$\sigma = -2\omega \operatorname{ctg} a \cdot \varphi,$$

da φ und σ für $\tau = 0$ gleichzeitig verschwinden.

d) Kinetostatik.

A. Druck auf Kurven und Flächen während der Bewegung eines Punktes.

1. Während in der Kinetik aus der Drei-Vektor-Gleichung

$$\bar{k} = \mu \bar{w} + \bar{s}$$

die Reaktion $\bar{s}$ eliminiert wird, muß für den vorliegenden Zweck $\bar{s}$ explicit dargestellt werden. Nun folgt sofort:

$$\bar{s} = \bar{k} - \mu \bar{w}.$$

Nach II., 3., ist aber:

$$\bar{w} = \frac{dv}{d\tau} \cdot \bar{\sigma} + \frac{v^2}{r} \cdot \bar{\nu}.$$

Zerlegt man also noch die Kraft $\bar{k}$ nach den Richtungen der Tangente, Normale und Binormale entsprechend der Gleichung:

$$\bar{k} = \bar{k}_\sigma + \bar{k}_\nu + \bar{k}_{\nu'},$$

dann wird:

$$\bar{s} = \bar{k}_\sigma - \mu \frac{dv}{d\tau} \cdot \bar{\sigma} + \bar{k}_\nu - \mu \frac{v^2}{r} \cdot \bar{\nu} + \bar{k}_{\nu'},$$

und hieraus folgt:

$$\bar{\nu}\bar{s} = s_\nu = \bar{k}_\nu \bar{\nu} - \mu \frac{v^2}{r}$$

und

$$\bar{\nu}'\bar{s} = s_{\nu'} = \bar{k}_{\nu'} \cdot \bar{\nu}',$$

also:

$$s_\nu = k_\nu - \mu \frac{v^2}{r},$$

$$s_{\nu'} = k_{\nu'},$$

womit die beiden Komponenten des Druckes auf die feste Kurve längs der Normale und Binormale bestimmt sind.

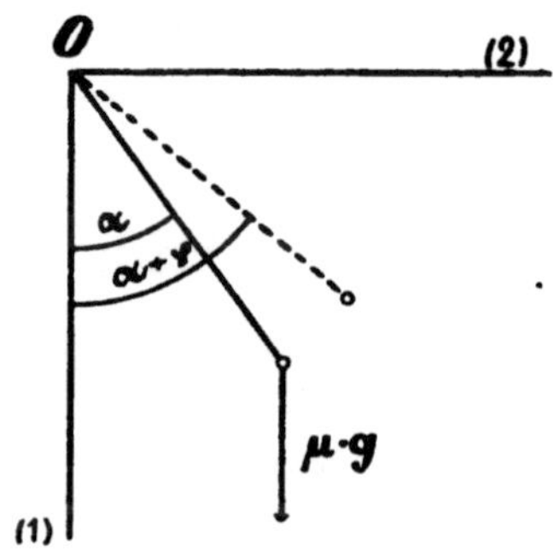

Fig. 21.

Ferner erkennt man, daß dieser Druck in Richtung der Binormale von dem Bewegungszustande unabhängig ist, also mit der betreffenden Komponente der äußeren Kraft $(\bar{k})$

verschwindet. Bei der Anwendung der Formel für s_ν hat man auf die Richtung von $\bar{\nu}$ zu achten.

2. Fast ebenso einfach ist die Bestimmung des kinetostatischen Drucks für eine feste Fläche. Hier muß der Vektor

$$\bar{s} = \bar{k} - \mu \bar{w}$$

in die Richtung der Normalen $(\bar{\varepsilon}')$ der Fläche fallen. Daher ist:

$$\bar{\varepsilon}' \bar{s} = \bar{\varepsilon}' \bar{k} - \mu \bar{\varepsilon}' \bar{w}.$$

Setzen wir also $\varepsilon' = 1$ und nennen wir die Komponente von $\bar{k}$ in der Gleichung von $\bar{\varepsilon}'$ $\bar{k}'$, dann wird:

$$s = k' - \mu \bar{\varepsilon}' \bar{w}.$$

Nach I., 13., hat man aber:

$$\bar{\varepsilon}' \cdot r \frac{d^2 \bar{x}}{dx^2} = \cos \sigma,$$

wenn σ den Winkel bedeutet, welchen die Flächennormale mit der Hauptnormale der Bahnkurve einschließt. Folglich wird:

$$s = k' - \mu \frac{v^2}{r} \cos \sigma,$$

wobei aber wieder auf das Vorzeichen des zweiten Gliedes zu achten ist.

Die Anwendung des Meunierschen Satzes gibt eine zweite Darstellung von s.

B. Die Schnittmethode zur Bestimmung der Reaktionen.

3. Im Zustande der Bewegung eines Systems ist nach dem D'Alembertschen Prinzip:

$$\Sigma \bar{s} \delta \bar{x} = 0,$$

worin sich die Summation über das ganze System erstreckt und die $\delta \bar{x}$ mit der Beschaffenheit des Systems verträgliche virtuelle Verschiebungen bedeuten. Zerlegt man also das

System in willkürlicher Weise in zwei Teile K' und K'', dann sind die Teilsummen

$$\Sigma' \bar{s}' \delta \bar{x}' \quad \text{und} \quad \Sigma'' \bar{s}'' \delta \bar{x}''$$

im allgemeinen von Null verschieden und sind deshalb geeignet, Aufschluß über die Beschaffenheit der D'Alembertschen Reaktionen $(\bar{s})$ zu geben (Schnittmethode).

Fig. 22.

Durch den Systemschnitt erhalten aber die Teilsysteme im allgemeinen eine andere Bewegungsfreiheit als diejenige war, welche dem unverletzten Systeme zukam (cf. Fig. 22). Die Zahl der Freiheitsgrade in K' und K'' wird eine andere. Wir wollen sie mit ν' bezw. ν'' bezeichnen und annehmen, daß K' die Koordinaten $q_1', q_2', \ldots, q_{\nu'}'$, und K'' die Koordinaten $q_1'', q_2'', \ldots, q_{\nu''}''$ zukommen. Natürlich haften bei dieser kinetostatischen Betrachtung alle Elementarkräfte $(\bar{k})$ an ihren ursprünglichen Angriffspunkten, und es dürfen deshalb vor Ausführung des Systemschnittes keinerlei dynamische Reduktionen ausgeführt werden.

Nach dieser Festsetzung wird:

$$\Sigma' \bar{s}' \delta \bar{x}' = R_1' \delta q_1' + R_2' \delta q_2' + \ldots + R_{\nu'}' \delta q_{\nu'}'$$

und

$$\Sigma'' \bar{s}'' \delta \bar{x}'' = R_1'' \delta q_1'' + R_2'' \delta q_2'' + \ldots + R_{\nu''}'' \delta q_{\nu''}''.$$

Die so erhaltenen Größen $R_1', R_2', \ldots, R_{\nu'}'$ sind die Komponenten des Vektors der D'Alembertschen Elementarreaktionen (s) in bezug auf das Teilsystem K', und die Größen $R_1'', R_2'', \ldots, R_{\nu''}''$ haben die ganz analoge Bedeutung für das Teilsystem K''. Ihre explicite Bestimmung ist prinzipiell einfach, wenn auch die Rechnung zuweilen etwas umständlich wird. Bezeichnen wir nämlich die kinetischen Energien der beiden Teilsysteme mit E' und E'' und setzen wir:

$$\sum{}' \left(k_1' \frac{\partial x_1'}{\partial q_\iota'} + k_2' \frac{\partial x_2'}{\partial q_\iota'} + k_3' \frac{\partial x_3'}{\partial q_\iota'}\right) = Q_\iota'$$

$$\iota = 1, 2, \ldots, \nu',$$

und

$$\sum{}'' \left(k_1'' \frac{\partial x_1''}{\partial q_\iota''} + k_2'' \frac{\partial x_2''}{\partial q_\iota''} + k_3'' \frac{\partial x_3''}{\partial q_\iota''}\right) = Q_\iota'',$$

so wird nach III., c., 14:

$$R_\iota' = \frac{d}{d\tau}\left(\frac{\partial E'}{\partial \dot{q}_\iota'}\right) - \frac{\partial E'}{\partial q_\iota'} - Q_\iota' \quad \ldots \qquad \text{(b)}$$

$$\iota = 1, 2, \ldots, \nu'$$

und

$$R_\iota'' = \frac{d}{d\tau}\left(\frac{\partial E''}{\partial \dot{q}_\iota''}\right) - \frac{\partial E_\iota''}{\partial q_\iota''} - Q_\iota'' \quad \ldots \qquad \text{(b')}$$

$$\iota = 1, 2, \ldots, \nu''.$$

Nun ist für das ganze System:

$$\Sigma' \bar{s}' \delta \bar{x}' + \Sigma'' \bar{s}'' \delta \bar{x}'' = 0.$$

Es besteht also die Beziehung:

$$R_1' \delta q_1' + R_2' \delta q_2' + \ldots + R_{\nu'}' \delta q_{\nu'}' + R_1'' \delta q_1'' + R_2'' \delta q_2'' + \ldots + R_{\nu''}'' \delta q_{\nu''}'' = 0 \quad \ldots \qquad \text{(a)}$$

welche von Hertz weiter untersucht ist.

Der ursprüngliche Zusammenhang der beiden Teilsysteme wird nämlich durch eine gewisse Anzahl (ϱ) Gleichungen zwischen den Koordinatensätzen q_1', q_2', $\ldots$, $q_{\nu'}'$ und q_1'', q_2'', $\ldots$, $q_{\nu''}''$ ausgedrückt, welche wir in der abgekürzten Form

$$F_1(q', q'') = 0, \; F_2(q', q'') = 0, \; \ldots, \; F_\varrho(q', q'') = 0, \; \ldots \qquad \text{(c)}$$

andeuten wollen. Sie sind in jedem konkreten Falle explicit bekannt (Beispiel: Kurbelmechanismus). Ihre Anzahl ϱ bestimmt sich aus der Gleichung*):

$$\nu' + \nu'' - \varrho = \nu,$$

---

*) In dem durch Figur 22 angedeuteten Beispiel, wo der Schnitt durch die Lenkstange geführt wurde, ist

$$\nu' = 2, \quad \nu'' = 1, \quad \nu = 1, \quad \text{also} \quad \varrho = 3.$$

wenn ν die Anzahl der Freiheitsgrade des ursprünglichen Systems bedeutet.

Aus den Gleichungen (c) folgt durch Variation:

$$\delta F_1 = 0, \quad \delta F_2 = 0, \quad \ldots, \quad \delta F_\varrho = 0.$$

Diese Ausdrücke gestatten, alle Größen $\delta q'$ und $\delta q''$ durch die ν Größen $\delta q_1, \delta q_2, \ldots, \delta q_\nu$ linear auszudrücken. Denn infolge der Koppelung der beiden Teilsysteme fallen ν der $\nu' + \nu''$ Koordinaten q' und q'' direkt mit den ursprünglichen Koordinaten $q_1, q_2, \ldots, q_\nu$ zusammen.

Wir setzen also:

$$\begin{aligned}
\delta q_1' &= \lambda_{11}' \delta q_1 + \lambda_{12}' \delta q_2 + \ldots + \lambda_{1\nu}' \delta q_\nu \\
\delta q_2' &= \lambda_{21}' \delta q_1 + \lambda_{22}' \delta q_2 + \ldots + \lambda_{2\nu}' \delta q_\nu \\
&\ldots\ldots\ldots\ldots\ldots\ldots \\
\delta q_{\nu'}' &= \lambda_{\nu'1}' \delta q_1 + \lambda_{\nu'2}' \delta q_2 + \ldots + \lambda_{\nu'\nu}' \delta q_\nu
\end{aligned}$$

und

$$\begin{aligned}
\delta q_1'' &= \lambda_{11}'' \delta q_1 + \lambda_{12}'' \delta q_2 + \ldots + \lambda_{1\nu}'' \delta q_\nu \\
\delta q_2'' &= \lambda_{22}'' \delta q_1 + \lambda_{22}'' \delta q_2 + \ldots + \lambda_{2\nu}'' \delta q_\nu \\
&\ldots\ldots\ldots\ldots\ldots\ldots \\
\delta q_{\nu''}'' &= \lambda_{\nu''1}'' \delta q_1 + \lambda_{\nu''2}'' \delta q_2 + \ldots + \lambda_{\nu''\nu}'' \delta q_\nu,
\end{aligned}$$

wobei wir unentschieden lassen, welche von den Koeffizienten λ' und λ'' wegen der Identität der Koordinaten verschwinden. Die diesen Gleichungen entsprechenden Ausdrücke der Größen $\dot{q}', \ddot{q}', \dot{q}'', \ddot{q}''$ sind natürlich auch in den Formeln (b) und (b′) bei der Berechnung der Reaktionskomponenten R' und R'' zu verwenden.

Jedenfalls erkennt man aus der Gleichung (a), welche für alle Werte der Größen $\delta q_1, \delta q_2, \ldots, \delta q_\nu$ identisch erfüllt sein muß, daß die Komponenten $R_1', R_2', \ldots, R_{\nu'}'$ und $R_1'', R_2'', \ldots, R_{\nu''}''$ den folgenden ν linearen Bedingungen genügen müssen:

$$\begin{aligned}
\lambda_{11}' R_1' + \ldots + \lambda_{\nu'1}' R_{\nu'}' + \lambda_{11}'' R_1'' + \ldots + \lambda_{\nu''1}'' R_{\nu''}'' &= 0, \\
\lambda_{12}' R_1' + \ldots + \lambda_{\nu'2}' R_{\nu'}' + \lambda_{12}'' R_1'' + \ldots + \lambda_{\nu''2}'' R_{\nu''}'' &= 0, \\
\ldots\ldots\ldots\ldots\ldots\ldots\ldots& \\
\lambda_{1\nu}' R_1' + \ldots + \lambda_{\nu'\nu}' R_{\nu'}' + \lambda_{1\nu}'' R_1'' + \ldots + \lambda_{\nu''\nu}'' R_{\nu''}'' &= 0.
\end{aligned}$$

Diese Gleichungen bilden (nach Hertz) die Grundlage für die Berechnung der Schnittreaktionen in Maschinen. Führt man den Schnitt durch ein Lager, so ergeben sich in derselben Weise die Komponenten der betreffenden Zapfenreaktionen für den zu untersuchenden Mechanismus.

4. Die Bestimmung der Auflagerreaktionen, welche namentlich bei Schiffsmaschinen von großer Bedeutung ist, kann in ganz ähnlicher Weise ausgeführt werden. Will man z. B. den Wellendruck (Fig. 23) beim Kurbelmechanismus für sich berechnen, so denke man sich das Wellencentrum A nach A' um die Koordinaten a_1, a_2 verschoben.

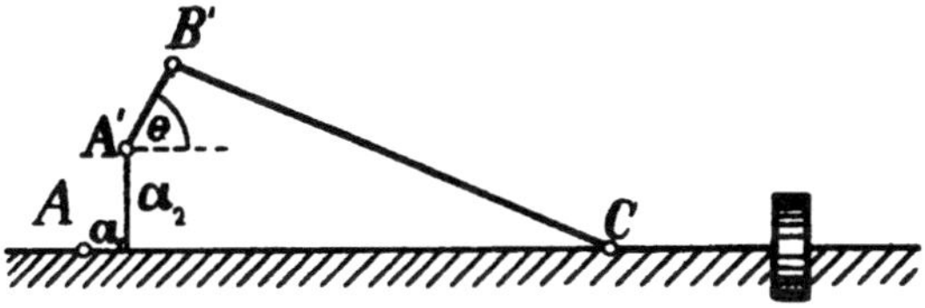

Fig. 23.

Das neue System hat drei Freiheitsgrade. Nennen wir die erweiterte Energie E^*, so bestehen für die Bewegung dieses Systems die Lagrangeschen Gleichungen:

$$\frac{d}{d\tau}\left(\frac{\partial E^*}{\partial \dot{\vartheta}}\right) - \frac{\partial E^*}{\partial \vartheta} = Q^*_\vartheta,$$

$$\frac{d}{d\tau}\left(\frac{\partial E^*}{\partial \dot{a}_1}\right) - \frac{\partial E^*}{\partial a_1} = Q^*_{a_1},$$

$$\frac{d}{d\tau}\left(\frac{\partial E^*}{\partial \dot{a}_2}\right) - \frac{\partial E^*}{\partial a_2} = Q^*_{a_2}.$$

Die Auflagerbedingungen sind in den beiden Gleichungen

$$F_1(a_1, a_2, \vartheta) = 0, \quad F_2(a_1, a_2, \vartheta) = 0$$

enthalten und die Auflagerreaktionen R_1 und R_2, welche den virtuellen Koordinaten a_1 und a_2 entsprechen, bestimmen sich aus den Gleichungen:

$$R_1 = \frac{d}{d\tau}\left(\frac{\partial E^*}{\partial \dot{a}_1}\right) - \frac{\partial E^*}{\partial a_1} - Q^*_{a_1},$$

$$R_2 = \frac{d}{d\tau}\left(\frac{\partial E^*}{\partial \dot{a}_2}\right) - \frac{\partial E^*}{\partial a_2} - Q^*_{a_2},$$

worin zuletzt $a_1 = 0$ und $a_2 = 0$ zu setzen ist.

Ebenso verfährt man bei der Bestimmung der Kreuzkopflager- und Cylinderreaktion. Hier sind, wie in Figur 24 angedeutet ist, drei neue Koordinaten, nämlich c_1, c_2 und der Winkel ψ, einzuführen.

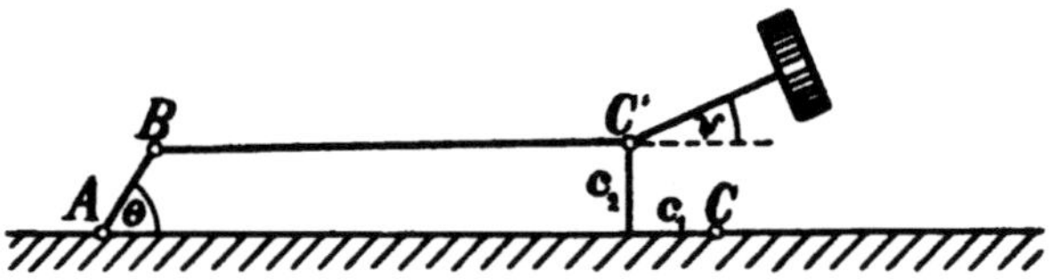

Fig. 24.

5. In den Gleichungen (b) und (b′) von No. 3 erscheinen die Reaktionskomponenten R' und R'' am Ende der Rechnung als Funktionen der Größen q, $\dot{q}$ und $\ddot{q}$. Für das ungeteilte System kennt man aber die Bewegungsgleichung:

$$\frac{d}{d\tau}\left(\frac{\partial E}{\partial \dot{q}_\iota}\right) - \frac{\partial E}{\partial q_\iota} = Q_\iota, \qquad \iota = 1, 2, \ldots, \nu.$$

Mit Hilfe derselben kann man immer die Größen $\ddot{q}_\iota$ aus den R' und R'' eliminieren, so daß die letzteren im allgemeinen Funktionen von q und $\dot{q}$ werden.

Sind in besonderen Fällen noch Integrale der Bewegungsgleichungen bekannt, dann kann man noch einige oder eventuell alle $\dot{q}$ eliminieren. Unter Umständen sind also die Reaktionskomponenten lediglich von der Position und den Anfangsbedingungen des Systems abhängig, wie man aus dem folgenden Beispiel ersieht.

6. Wir denken uns ein prismatisches Stangenpendel von gleichmäßiger Massenverteilung in dem Punkte A (Fig. 25) zerschnitten. Dann behält das Stück K' den Charakter des unversehrten Pendels vollkommen, während das abgetrennte

Stück K'' in der Pendelebene freie Beweglichkeit (also drei Grade der Freiheit) gewinnt.

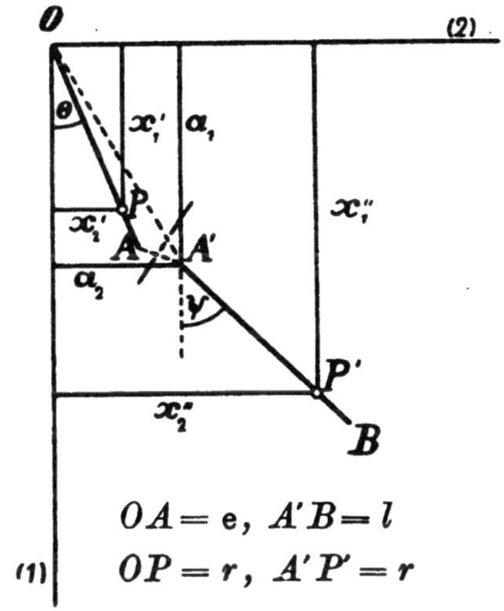

Fig. 25.

Es wird jetzt nach den Bezeichnungen der Figur:

$$x_1' = r' \cos\vartheta, \qquad x_2' = r' \sin\vartheta,$$
$$x_1'' = a_1 + r'' \cos\psi, \qquad x_2'' = a_2 + r'' \sin\psi,$$

und die Kuppelungsbedingungen sind:

$$a_1 = e \cos\vartheta, \quad a_2 = c \sin\vartheta, \quad \psi = \vartheta.$$

Man erhält sofort für die Quadrate der Geschwindigkeiten der Systempunkte P und P' die Ausdrücke:

$$v'^2 = r'^2 \cdot \dot{\vartheta}^2$$

und

$$v''^2 = (\dot{a}_1 - r'' \sin\psi \cdot \dot{\psi})^2 + (\dot{a}_2 + r'' \cos\psi \cdot \dot{\psi})^2.$$

Folglich wird:

$$E' = \frac{1}{6} \mathfrak{m} e^3 \cdot \dot{\vartheta}^2$$

und

$$E'' = \frac{1}{2}\mathfrak{m}l\left[\dot{a}_1^2 + \dot{a}_2^2 + \frac{1}{3}l^2\dot{\psi}^2 - l(\dot{a}_1 \sin\psi - \dot{a}_2 \cos\psi)\dot{\psi}\right],$$

wenn man die Masse der Längeneinheit des Pendels mit $\mathfrak{m}$ bezeichnet.

Aus diesen Energieausdrücken findet man nach den Gleichungen (b) und (b′) in No. 3 die nachstehenden Werte der Reaktionskomponenten:

$$\left.\begin{aligned}
R'_\vartheta &= \frac{1}{3}\mathfrak{m}e^3\frac{d^2\vartheta}{d\tau^2} - Q'_\vartheta, \\
R''_1 &= \mathfrak{m}l\left(\ddot{a}_1 - \frac{1}{2}l\sin\psi\cdot\ddot{\psi} - \frac{1}{2}l\cos\psi\cdot\dot{\psi}^2\right) - Q''_1, \\
R''_2 &= \mathfrak{m}l\left(\ddot{a}_2 + \frac{1}{2}l\cos\psi\cdot\ddot{\psi} - \frac{1}{2}l\sin\psi\cdot\dot{\psi}^2\right) - Q''_2, \\
R''_\psi &= \frac{1}{3}\mathfrak{m}l^3\frac{d^2\psi}{d\tau^2} - Q''_\psi,
\end{aligned}\right\}\text{(a)}$$

Hierin ist:

$$Q'_\vartheta = \sum{}'\left(k'_1\frac{\partial x'_1}{\partial\vartheta} + k'_2\frac{\partial x'_2}{\partial\vartheta}\right),$$

$$Q''_1 = \sum{}''\left(k''_1\frac{\partial x''_1}{\partial a_1} + k''_2\frac{\partial x''_2}{\partial a_1}\right),$$

$$Q''_2 = \sum{}''\left(k''_1\frac{\partial x''_1}{\partial a_2} + k''_2\frac{\partial x''_2}{\partial a_2}\right),$$

$$Q''_\psi = \sum{}''\left(k''_1\frac{\partial x''_1}{\partial\psi} + k''_2\frac{\partial x''_2}{\partial\psi}\right).$$

Sind alle Massenpunkte der Schwere (Beschleunigung $= g$) unterworfen, dann ist:

$$k'_1 = \mathfrak{m}g\,dr', \quad k'_2 = 0, \quad k''_1 = \mathfrak{m}g\,dr'', \quad k''_2 = 0,$$

und man erhält:

$$Q'_\vartheta = -\frac{1}{2}\mathfrak{m}e^2 g\sin\vartheta,$$

$$Q''_1 = \mathfrak{m}gl, \qquad Q''_2 = 0,$$

$$Q''_\psi = -\frac{1}{2}\mathfrak{m}l^2\cdot g\sin\psi.$$

Nach III., c., 21., ist die Bewegungsgleichung des unzerlegten Pendels:

$$T\frac{d^2\vartheta}{d\tau^2} = -\mu^{\bullet} g\, a_2^{\bullet} \sin\vartheta.$$

Hierin ist für den vorliegenden speziellen Fall:

$$T = \frac{1}{3}\mathfrak{m}(\mathfrak{e}+l)^3, \quad \mu^{\bullet} = \mathfrak{m}(\mathfrak{e}+l), \quad a_2^{\bullet} = \frac{1}{2}(\mathfrak{e}+l)$$

zu setzen.

Die Differentialgleichung der Bewegung nimmt also jetzt die Form an:

$$\frac{2}{3}(\mathfrak{e}+l)\frac{d^2\vartheta}{d\tau^2} = -g\sin\vartheta \quad \ldots \qquad \text{(b)}$$

Ferner folgt aus den Kuppelungsgleichungen:

$$\dot{a}_1 = -\mathfrak{e}\sin\vartheta\cdot\dot{\vartheta}, \quad \dot{a}_2 = \mathfrak{e}\cos\vartheta\cdot\dot{\vartheta}, \quad \dot{\psi} = \dot{\vartheta},$$

$$\ddot{a}_1 = -\mathfrak{e}\sin\vartheta\cdot\ddot{\vartheta} - \mathfrak{e}\cos\vartheta\cdot\dot{\vartheta}^2,$$

$$\ddot{a}_2 = \mathfrak{e}\cos\vartheta\cdot\ddot{\vartheta} - \mathfrak{e}\sin\vartheta\cdot\dot{\vartheta}^2, \quad \ddot{\psi} = \ddot{\vartheta}.$$

Führt man diese Werte in die Gleichungen (a) ein, dann erhält man die Reaktionskomponenten R_{ϑ}', R_1'', R_2'', R_{ψ}'' zunächst als Funktionen von ϑ, $\dot{\vartheta}$ und $\ddot{\vartheta}$. Die Gleichung (b) gestattet aber die Elimination der Größe $\ddot{\vartheta}$, und die Integralgleichung, welche das Prinzip der Erhaltung der kinetischen Energie liefert (III., c., 15.):

$$\frac{1}{3}(\mathfrak{e}+l)\dot{\vartheta}^2 = g(\cos\vartheta - \cos\alpha)$$

erlaubt auch noch, $\dot{\vartheta}$ durch ϑ und die Amplitude α auszudrücken, so daß die Endwerte der Reaktionskomponenten im gegenwärtigen Falle nur von ϑ und den Konstanten des Problems abhängen.

C. Charakteristik der Systemreaktionen.

7. Die Schnittmethode bildet für alle Fragen nach der kinetostatischen Beanspruchung des Systems wohl den natürlichsten und nächstliegenden Weg. Ihre Resultate

hängen aber wesentlich von der Lage und der Form des Schnittes ab und sind deshalb zur allgemeinen Charakterisierung des Verhaltens der D'Alembertschen Reaktionen während des kinetischen Prozesses nicht geeignet.

Unterläßt man aber die Zerteilung des zu untersuchenden Systems, dann geben die Lagrangeschen Komponenten des Vektors der Reaktionen in bezug auf das ganze System keinerlei Aufschluß, da sie beständig gleich Null sind.

Man ist deshalb genötigt, andere Funktionen der Elementarreaktionen aufzustellen, welche während der Bewegung stetige Änderungen erfahren. Zu diesem Zwecke betrachten wir die zweite Angriffsvariation des Systemvirials V_s der Elementarreaktion $(\bar{s})$.

Nun ist für ein beliebiges System von Elementarkräften $(\bar{k})$ bei Beschränkung auf zwei Koordinaten:

$$(\delta) V_k = \Sigma \bar{k} \cdot \delta \bar{x} = Q_1 \delta q_1 + Q_2 \delta q_2 .$$

Setzen wir also unserer Voraussetzung entsprechend:

$$\delta \bar{x} = \bar{\varepsilon}_1 \cdot \delta q_1 + \bar{\varepsilon}_2 \cdot \delta q_2 ,$$

so wird

$$Q_1 = \Sigma \bar{\varepsilon}_1 \bar{k}, \quad Q_2 = \Sigma \bar{\varepsilon}_2 \bar{k} .$$

Jetzt ist die Größe

$$(\delta^2) V_k = \Sigma \bar{k} \cdot \delta^2 \bar{x}$$

zu bilden.

Man erhält sofort

$$\delta^2 \bar{x} = \bar{\varepsilon}_1 \cdot \delta^2 q_1 + \bar{\varepsilon}_2 \cdot \delta^2 q_2 + \delta \bar{\varepsilon}_1 \cdot \delta q_1 + \delta \bar{\varepsilon}_2 \cdot \delta q_2$$

und

$$\delta \bar{\varepsilon}_1 = \frac{\partial \bar{\varepsilon}_1}{\partial q_1} \cdot \delta q_1 + \frac{\partial \bar{\varepsilon}_1}{\partial q_2} \cdot \delta q_2 ,$$

$$\delta \bar{\varepsilon}_2 = \frac{\partial \bar{\varepsilon}_2}{\partial q_1} \cdot \delta q_1 + \frac{\partial \bar{\varepsilon}_2}{\partial q_2} \cdot \delta q_2 .$$

Setzt man also

$$Q_{11} = \sum \bar{k} \frac{\partial \bar{\varepsilon}_1}{\partial q_1}, \quad Q_{22} = \sum \bar{k} \frac{\partial \bar{\varepsilon}_2}{\partial q_2}$$

und

$$2\, Q_{12} = \sum \bar{k} \left(\frac{\partial \bar{\varepsilon}_1}{\partial q_2} + \frac{\partial \bar{\varepsilon}_2}{\partial q_1} \right),$$

so wird

$$(\delta^2)\, V_k = Q_1 \delta^2 q_1 + Q_2 \delta^2 q_2 + Q_{11}(\delta q_1)^2 + 2\, Q_{12} \delta q_1 \delta q_2 + Q_{22}(\delta q_2)^2 .$$

Nun ist aber die Beziehung

$$\frac{\partial \varepsilon_1}{\partial q_2} = \frac{\partial \varepsilon_2}{\partial q_1}$$

die Integrabilitätsbedingung (II., 5.) für den Differentialausdruck

$$d\overline{x} = \overline{\varepsilon_1} \cdot dq_1 + \overline{\varepsilon_2} \cdot dq_2 .$$

Mithin wird

$$Q_{12} = \sum \overline{k} \frac{\partial \overline{\varepsilon_1}}{\partial q_2} = \sum \overline{k} \frac{\partial \overline{\varepsilon_2}}{\partial q_1} .$$

Im Falle des Gleichgewichtes der Elementarkräfte $\overline{k}$ hat man

$$Q_1 = \Sigma\, \overline{k}\overline{\varepsilon_1} = 0 \quad \text{und} \quad Q_2 = \Sigma\, \overline{k}\overline{\varepsilon_2} = 0$$

oder in der Schreibweise der Angriffsderivierten (IIIc., 8.) des Virials die Ausdrücke

$$\left(\frac{\partial}{\partial q_1}\right) V_k = 0 , \quad \left(\frac{\partial}{\partial q_2}\right) V_k = 0 .$$

Die Reduktionsgrößen Q_{11}, Q_{12}, Q_{22} nehmen nach dieser Auffassung die folgende Form an:

$$Q_{11} = \left(\frac{\partial^2}{\partial q_1^2}\right) V_k, \quad Q_{12} = \left(\frac{\partial^2}{\partial q_1 \partial q_2}\right) V_k, \quad Q_{22} = \left(\frac{\partial^2}{\partial q_2^2}\right) V_k .$$

Sie sind also die zweiten partiellen Angriffsderivierten des Systemvirials V_k nach den Koordinaten q_1 und q_2.

8. Diese allgemeinen statischen Betrachtungen übertragen wir jetzt auf das System der D'Alembertschen Elementarreaktionen (s) entsprechend der Drei-Vektor-Gleichung

$$\overline{k} = \mu \overline{w} + \overline{s} .$$

Die Größen

$$\left(\frac{\partial^2}{\partial q_1^2}\right) V_s, \quad \left(\frac{\partial^2}{\partial q_1 \partial q_2}\right) V_s, \quad \left(\frac{\partial^2}{\partial q_2^2}\right) V_s$$

sind im allgemeinen von Null verschieden und eignen sich daher zu einer Charakterisierung des Gleichgewichtssystems der Reaktionen $\bar{s}$ während des Verlaufs der Bewegung, ohne daß die Vorstellung von Teilsystemen nötig wird.

Wir wollen sie deshalb die Elemente der Charakteristik der D'Alembertschen Reaktionen nennen.

9. Wie bei allen statischen Betrachtungen, so kann man auch hier statt der Koordinaten q andere und zwar spezifisch kinematische Parameter einführen.

Für den Fall des rotierenden starren Körpers ist (cf. II., 16.):

$$\delta \bar{x} = \overline{\delta \vartheta \cdot x}.$$

Hieraus folgt:

$$\delta^2 \bar{x} = \overline{\delta^2 \vartheta \cdot x} + \overline{\delta \vartheta \cdot \delta x}$$

oder

$$\delta^2 \bar{x} = \overline{\delta^2 \vartheta \cdot x} + \overline{\delta \vartheta (\delta \vartheta \cdot x)}$$

$$= \overline{\delta^2 \vartheta \cdot x} + (\overline{\delta \vartheta} \cdot \bar{x}) \cdot \delta \overline{\vartheta} - (\delta \vartheta)^2 \cdot \bar{x}.$$

Man hat also im gegenwärtigen Falle:

$$(\delta^2) V_k = \delta^2 \vartheta \cdot \Sigma \overline{x k} + \Sigma (\overline{\delta \vartheta} \cdot \bar{x}) (\overline{\delta \vartheta} \cdot \bar{k}) - (\delta \vartheta)^2 \Sigma \bar{x} \bar{k}.$$

Für D'Alembertsche Reaktionen wird

$$\overline{M}_s = \Sigma \overline{x s} = 0$$

und demnach

$$(\delta^2) V_s = \Sigma (\overline{\delta \vartheta} \cdot \bar{x}) (\overline{\delta \vartheta} \cdot \bar{s}) - (\delta \vartheta)^2 \Sigma \bar{x} \bar{s}.$$

Nun ist aber

$$(\delta) \overline{M}_s = \Sigma \overline{\delta x \cdot s}$$

und

$$(\delta) \overline{M}_s \cdot \delta \overline{\vartheta} = \Sigma \overline{(\delta \vartheta \cdot x) s} \cdot \delta \overline{\vartheta}$$

$$= - \Sigma (\bar{x} \bar{s}) \cdot (\delta \vartheta)^2 + \Sigma (\bar{s} \cdot \delta \overline{\vartheta}) (\bar{x} \delta \overline{\vartheta}).$$

Folglich erhält man für $(\delta^2) V_s$ den übersichtlichen Ausdruck

$$(\delta^2) V_s = (\delta) \overline{M}_s \cdot \delta \overline{\vartheta}$$

oder in Worten:

„Die zweite Angriffsvariation des Virials der D'Alembertschen Reaktionen ist beim rotierenden starren System gleich dem inneren Produkt der ersten Angriffsvariation des Momentes dieser Reaktionen und der virtuellen Verrückung.“ (Möbius).

10. Durch Zerlegung in rechtwinklige Komponenten ergibt sich aus der obigen Formel

$$(\delta^2)\, V_s = (\delta) M_1 \cdot \delta\vartheta_1 + (\delta) M_2 \cdot \delta\vartheta_2 + (\delta) M_3 \cdot \delta\vartheta_3 .$$

Ferner ist:

$$(\delta) M_1 = \Sigma\,(\delta x_2 \cdot s_3 - \delta x_3 \cdot s_2)$$
$$= \Sigma\,(\delta\vartheta_3 \cdot x_1 - \delta\vartheta_1 \cdot x_3)\, s_3 - \Sigma\,(\delta\vartheta_1 \cdot x_2 - \delta\vartheta_2 \cdot x_1)\, s_2 ,$$

d. h.

$$(\delta) M_1 = -\Sigma\,(x_2 s_2 + x_3 s_3) \cdot \delta\vartheta_1 + \Sigma\, x_1 s_2 \cdot \delta\vartheta_2 + \Sigma\, x_1 s_3 \cdot \delta\vartheta_3 .$$

Setzen wir also das Virial der Elementarreaktionen

$$\Sigma\,(x_1 s_1 + x_2 s_2 + x_3 s_3) = W$$

und zur weiteren Abkürzung

$$\Sigma\, x_\nu\, s_\lambda = B_{\nu\lambda} ,$$

dann ist

$$(\delta) M_1 = (B_{11} - W)\,\delta\vartheta_1 + B_{12} \cdot \delta\vartheta_2 + B_{13} \cdot \delta\vartheta_3 ,$$
$$(\delta) M_2 = B_{21} \cdot \delta\vartheta_1 + (B_{22} - W)\,\delta\vartheta_2 + B_{23} \cdot \delta\vartheta_3 ,$$
$$(\delta) M_3 = B_{31} \cdot \delta\vartheta_1 + B_{32} \cdot \delta\vartheta_2 + (B_{33} - W)\,\delta\vartheta_3 .$$

Folglich wird

$$(\delta^2)\, V_s = (B_{11} - W)\,(\delta\vartheta_1)^2 + (B_{22} - W)\,(\delta\vartheta_2)^2$$
$$+ (B_{33} - W)\,(\delta\vartheta_3)^2 + 2\, B_{12}\,\delta\vartheta_1\,\delta\vartheta_2 + 2\, B_{23}\,\delta\vartheta_2\,\delta\vartheta_3$$
$$+ 2\, B_{31}\,\delta\vartheta_3\,\delta\vartheta_1 ,$$

wenn wir die aus der Gleichgewichtsbedingung

$$\overline{M}_s = 0$$

folgenden Beziehungen

$$B_{21} = B_{12} , \quad B_{31} = B_{13} , \quad B_{32} = B_{23}$$

berücksichtigen.

Die Größen

$$B_{11} - W, \quad B_{22} - W, \quad B_{33} - W,$$
$$B_{12} , \quad B_{23} , \quad B_{31}$$

sind also (cf. No. 8) die Elemente der Charakteristik der D'Alembertschen Reaktionen für das rotierende starre System.

11. Wir müssen nun die Drei-Vektor-Gleichung

$$\overline{k} = \mu \overline{w} + \overline{s}$$

hinzuziehen, aus welcher man unmittelbar

$$\Sigma\, x_\nu k_\lambda = \Sigma\, \mu x_\nu w_\lambda + \Sigma\, x_\nu s_\lambda$$

folgert.

Die Einführung der Bezeichnungen

$$\Sigma\,(x_1 k_1 + x_2 k_2 + x_3 k_3) = \mathsf{V},$$

$$\Sigma\, \mu (x_1 w_1 + x_2 w_2 + x_3 w_3) = V_w,$$

$$\Sigma\, x_\nu k_\lambda = A_{\nu\lambda}, \quad \Sigma\, \mu x_\nu w_\lambda = P_{\nu\lambda}$$

gestattet die Aufstellung der folgenden Ausdrücke für die Elemente der kinetostatischen Charakteristik:

$$B_{11} - W = A_{11} - \mathsf{V} - (P_{11} - V_w),$$

$$B_{22} - W = A_{22} - \mathsf{V} - (P_{22} - V_w),$$

$$B_{33} - W = A_{33} - \mathsf{V} - (P_{33} - V_w),$$

$$B_{12} = A_{12} - P_{12}, \quad B_{23} = A_{23} - P_{23}, \quad B_{31} = A_{31} - P_{31}.$$

Nun ist (II., 16):

$$V_w = \Sigma\, \mu \overline{x}\, \overline{w} = \Sigma\, \mu \overline{x} \cdot \frac{d\overline{v}}{d\tau} = \Sigma\, \mu \overline{x} \frac{d}{d\tau}(\overline{\omega x})$$

$$= \Sigma\, \mu \overline{x}\, \overline{\dot{\omega} x} + \Sigma\, \mu \overline{x}\, \overline{\omega (\omega x)}$$

$$= -\Sigma\, \mu\, \overline{\omega x}\, \overline{\omega x} = -2\,\mathsf{E}.$$

„Das Virial der Massenbeschleunigung beim rotierenden starren Körper ist gleich dem doppelten der negativen kinetischen Energie des Systems."

12. Es bleibt noch die Berechnung der kinematischen Größen $P_{\nu\lambda}$ übrig. Hierzu benutzen wir den Ausdruck für die Elementarbeschleunigung

$$\overline{w} = \overline{\dot{\omega} x} + \overline{\omega (\omega x)} = \overline{w}_1 + \overline{w}_2 + \overline{w}_3.$$

Hieraus folgt nach I., 6.:

$$w_\lambda = \dot{\omega}_{\lambda+1} x_{\lambda-1} - \dot{\omega}_{\lambda-1} x_{\lambda+1} - \omega^2 \cdot x_\lambda$$

$$+ \omega_\lambda (\omega_1 x_1 + \omega_2 x_2 + \omega_3 x_3)$$

und für

$$\Sigma \mu x_\nu x_\lambda = T_{\nu\lambda}$$

der verlangte Wert

$$P_{\nu\lambda} = T_{\nu,\lambda-1}\dot{\omega}_{\lambda+1} - T_{\nu,\lambda+1}\dot{\omega}_{\lambda-1} - T_{\nu\lambda}\cdot\omega^2$$
$$+ (T_{\nu 1}\omega_1 + T_{\nu 2}\omega_2 + T_{\nu 3}\omega_3)\omega_\lambda.$$

Mit Hilfe der Eulerschen Gleichungen (IIIc., 16.) für die Bewegung des Systems kann man aber in diesen Ausdrücken die Komponenten der Winkelbeschleunigungen $\dot{\omega}_1$, $\dot{\omega}_2$, $\dot{\omega}_3$ eliminieren und erhält dann die $P_{\nu\lambda}$ als Funktionen der Komponenten ω_1, ω_2, ω_3 und der äußeren Kräfte, so daß auch die sechs Elemente der Charakteristik der D'Alembertschen Reaktionen für ein rotierendes starres System als Funktionen derselben Größen darstellbar sind.

Der Zusammenhang der „kinetostatischen Charakteristik" mit der Beanspruchungstheorie ist im allgemeinen noch nicht aufgedeckt. In speziellen Fällen sind diese Beziehungen leicht zu erkennen. So ergibt z. B. die kinetostatische Untersuchung für ein unter dem Einfluß der Schwere rotierendes Massenpendel die Beanspruchung in der Weise an, daß ein Zeichenwechsel des einzigen hier vorkommenden Elementes der Charakteristik den Übergang von der Zugbeanspruchung zur Druckbeanspruchung anzeigt. Auch beim Kurbelmechanismus läßt sich ein ähnlicher Zusammenhang erkennen.

Anhang.

A. Ableitung der Formel für die relative Beschleunigung aus der Lagrangeschen Grundgleichung.

Nach II., 15. besteht die identische Gleichung:

$$\frac{d}{d\tau}\left(\overline{\dot{x}}\,\delta\,\overline{x}\right) - \delta\,E = \overline{w}\,\delta\,\overline{x}\ \ldots \qquad \text{(I.)}$$

in welcher sich alle kinematischen Größen auf die absolute Bewegung beziehen. Bezeichnen wir den Vektor der relativen Lage eines freien Punktes mit $\overline{x'}$, dann ist $\delta\overline{x} = \delta\overline{x'}$ und (II., 16):

$$\overline{\dot{x}} = \overline{\dot{x}}' + \overline{\omega\,x'}.$$

Hieraus folgt:

$$\overline{\dot{x}}\,\delta\,\overline{x} = \overline{\dot{x}}'\,\delta\,\overline{x}' + \overline{\omega\,x'}\cdot\delta\,\overline{x}',$$

also

$$\frac{d}{d\tau}\left(\overline{\dot{x}}\,\delta\,\overline{x}\right) = \overline{\ddot{x}}'\,\delta\,\overline{x}' + \overline{\dot{x}}'\,\delta\,\overline{\dot{x}}' + \overline{\omega\,\dot{x}'}\,\delta\,\overline{x}' + \overline{\omega x'}\cdot\delta\,\overline{\dot{x}}'.$$

Ferner wird:

$$E = \frac{1'}{2}v^2 = \frac{1}{2}\left[\dot{x}'^2 + 2\overline{\dot{x}}'\cdot\overline{\omega x'} + \overline{\omega x'}\,\overline{\omega x'}\right]$$

und

$$\delta E = \overline{\dot{x}}'\,\delta\,\overline{\dot{x}}' + \overline{\omega\,x'}\cdot\delta\,\overline{\dot{x}}' + \overline{\dot{x}}'\,\overline{\omega\cdot\delta\,x'} + \overline{\omega\,x'}\,\overline{\omega\,\delta\,x'}.$$

Die Einführung dieser Werte in die Lagrangesche Grundformel (I.) gibt:

$$\left[\overline{\ddot{x}}' - \overline{\dot{x}'\omega} + \overline{\omega\,\dot{x}'} + \overline{\omega\,(\omega\,x')}\right]\delta\,\overline{x}' = \overline{w}\,\delta\,\overline{x}'$$

oder

$$\overline{w} = \overline{\ddot{x}'} + 2\,\overline{\omega\,\dot{x}'} + \overline{\omega\,(\omega\,x')}, \quad \ldots \tag{a}$$

wenn man die Winkelgeschwindigkeit $\overline{\omega}$ des rotierenden Bezugssystems als einen Vektor von konstanter Richtung und Größe betrachtet. Ist $\overline{\omega}$ veränderlich, dann wird:

$$\overline{w} = \overline{\ddot{x}'} + 2\,\overline{\omega\,\dot{x}'} + \overline{\omega\,(\omega\,x')} + \overline{\dot{\omega}\,x'} \quad \ldots \tag{b}$$

Der Vektor der absoluten Beschleunigung zerfällt also jetzt in **vier** Komponenten, deren begriffliche Bedeutung leicht erkennbar ist.

Im allgemeinsten Falle hat das Bezugssystem auch noch eine Translationsbewegung mit der Geschwindigkeit $\overline{\dot{c}}$. Dieser Auffassung entspricht der Ausdruck:

$$\overline{\dot{x}} = \overline{\dot{c}} + \overline{\dot{x}'} + \overline{\omega\,x'}$$

für die absolute Geschwindigkeit, wenn wir den Vektor $\overline{x'}$ jetzt auf den Punkt $(\overline{c})$ beziehen.

Es wird dann:

$$\overline{\dot{x}}\,\delta\overline{x} = \overline{\dot{c}}\,\delta\overline{x'} + \overline{\omega x'}\cdot\delta\overline{x'} + \overline{\dot{x}'}\,\delta\,\overline{x'}$$

und

$$E = \frac{1}{2}\left[\dot{c}^2 + 2\,\overline{\dot{c}}\,\overline{\dot{x}'} + \dot{x}'^2 + 2\,\overline{\dot{x}'}\,\overline{\omega x'} + \overline{\omega x'}\cdot\overline{\omega x'} + 2\,\overline{\dot{c}}\,\overline{\omega x'}\right].$$

Die Ausführung der Rechnung nach dem obigen Schema gibt die allgemeine Formel für die absolute Beschleunigung bei der relativen Bewegung, nämlich:

$$\overline{w} = \overline{\ddot{c}} + \overline{\omega\dot{c}} + \overline{\ddot{x}'} + 2\,\overline{\omega\dot{x}'} + \overline{\omega(\omega x')} + \overline{\dot{\omega} x'}.$$

Hierin setzen wir $\overline{\dot{x}'} = 0$, $\overline{\ddot{x}'} = 0$ und erhalten:

$$\overline{w^*} = \overline{\ddot{c}} + \overline{\omega\dot{c}} + \overline{\omega(\omega x')} + \overline{\dot{\omega} x'}$$

als Ausdruck der „Führungsbeschleunigung".

Aus der Gleichung

$$\overline{w} = \overline{w^*} + \overline{\ddot{x}'} + 2\,\overline{\omega\dot{x}'}$$

erkennt man, daß die absolute Beschleunigung auch im allgemeinen Falle durch die geometrische Summe der

Führungsbeschleunigung $(\overline{\dot{w}})$, der relativen Beschleunigung $(\ddot{\bar{x}}')$ und der Zusatz-Beschleunigung $(2\overline{\omega\dot{x}'})$ dargestellt wird.

B. Bewegung des starren Systems parallel einer festen Ebene.

Die Geschwindigkeit eines beliebigen Systempunktes ist nach II., 16.:

$$\bar{v} = \dot{\bar{c}} + \overline{\omega x}.$$

$\bar{x}_3$ möge auf der festen Ebene senkrecht stehen. Dann ist $\omega_1 = 0$, $\omega_2 = 0$, $\omega_3 = \omega$ und

$$v_1 = \dot{c}_1 - \omega x_2,$$
$$v_2 = \dot{c}_2 + \omega x_1.$$

Diese Gleichungen bringen wir auf die Form:

$$v_1 = -\omega(x_2 - a_2),$$
$$v_2 = \omega(x_1 - a_1),$$

so daß

$$a_1 = -\frac{\dot{c}_2}{\omega}, \quad a_2 = \frac{\dot{c}_1}{\omega}$$

wird. a_1, a_2 sind die Koordinaten des Momentancentrums, um welches die Rotationsbewegung des ebenen Systems erfolgt, soweit — für einen bestimmten Augenblick — nur der Geschwindigkeitszustand in Betracht kommt.

Die aufeinander folgenden Lagen dieses Punktes bilden sowohl in der ruhenden Bezugsebene (der Koordinaten x_1, x_2) als auch in dem beweglichen System zwei Kurven, welche während der Bewegung aufeinander rollen. Weitere Ausführungen dieser Vorstellung gehören in die geometrische Kinematik.

Die Formeln für die Beschleunigung eines Punktes im starren System, dessen Bewegung parallel einer festen Ebene erfolgt, nehmen ebenfalls eine sehr einfache Form an. Aus der Gleichung

$$\bar{v} = \dot{\bar{c}} + \overline{\omega x}$$

folgt sofort durch Differentiation nach der Zeit:

$$\overline{w} = \overline{\ddot{c}} + \overline{\dot{\omega} x} + \overline{\omega [\dot{c} + \omega x]}$$

d. h.:

$$\overline{w} = \overline{\ddot{c}} + \overline{\omega \dot{c}} + \overline{\dot{\omega} x} + \overline{\omega (\omega x)} \quad \ldots \qquad \text{(a)}$$

und die Komponenten für die ebene Bewegung werden:

$$w_1 = \ddot{c}_1 - \omega \dot{c}_2 - \dot{\omega} x_2 - \omega^2 x_1,$$
$$w_2 = \ddot{c}_2 - \omega \dot{c}_1 + \dot{\omega} x_1 - \omega^2 x_2.$$

Hierin führen wir die Koordinaten des Momentancentrums (a_1, a_2) mittelst der Gleichungen

$$\dot{c}_1 = \omega a_2, \qquad \dot{c}_2 = -\omega a_1$$

ein und erhalten

$$w_1 = -\omega^2 (x_1 - a_1) - \dot{\omega} (x_2 - a_2) + \omega \dot{a}_2,$$
$$w_2 = -\omega^2 (x_2 - a_2) + \dot{\omega} (x_1 - a_1) - \omega \dot{a}_1.$$

Setzt man in den Gleichungen (a) die Vektoren $\overline{\dot{c}} = 0$ und $\overline{\ddot{c}} = 0$ und außerdem zur Abkürzung:

$$w_1^* = -\omega^2 (x_1 - a_1) - \dot{\omega} (x_2 - a_2),$$
$$w_2^* = -\omega^2 (x_2 - a_2) + \dot{\omega} (x_1 - a_1),$$

so wird

$$w_1 = w_1^* + \omega \dot{a}_2,$$
$$w_2 = w_2^* - \omega \dot{a}_1,$$

und man erkennt, daß die absolute Beschleunigung $(\overline{w})$ bei der ebenen Bewegung sich aus der Rotationsbeschleunigung $(\overline{w^*})$ um das Momentancentrum und der Zusatzbeschleunigung $-\overline{\omega \dot{a}}$ geometrisch zusammensetzt.

C. Bewegung einer Kette auf einer festen Kurve.

Mit Rücksicht auf die Kinetik der Zugbewegung auf einem Schienengeleise wollen wir noch die Bewegungsgleichung einer Kette mit einem Grad der Freiheit aufstellen.

Pür einen beliebigen Punkt der Kette gilt die Gleichung:

$$\overline{k} = \mu \overline{w} + \overline{s}.$$

Die Bewegungsgleichung ist also in der Formel

$$\Sigma\,(\bar{k} - \mu\bar{w})\,\delta\bar{x} = 0$$

enthalten.

Man hat für die virtuelle Verschiebung den Ausdruck:

$$\delta\bar{x} = \bar{\sigma}\cdot\delta s,$$

wenn die Bogenlänge s von einem bestimmten Punkte der festen Kurve gerechnet wird und $\bar{\sigma}$ den Einheitsvektor in der Tangentenrichtung bedeutet.

Folglich ist:

$$\Sigma\,\mu\bar{w}\bar{\sigma} = \Sigma\,\bar{k}\bar{\sigma}$$

oder unter Benutzung rechtwinkliger Komponenten:

$$\sum\mu\left(\frac{dv_1}{d\tau}\frac{dx_1}{ds} + \frac{dv_2}{d\tau}\frac{dx_2}{ds} + \frac{dv_3}{d\tau}\frac{dx_3}{ds}\right)$$

$$= \sum\left(k_1\frac{dx_1}{ds} + k_2\frac{dx_2}{ds} + k_3\frac{dx_3}{ds}\right).$$

Setzt man nun, wie in der Theorie der Fadenkurven (IIIa., 19):

$$\bar{k} = \bar{\varkappa}ds \quad \text{und} \quad \Sigma\,\mu = \mu^*,$$

dann nimmt die Bewegungsgleichung die Form an:

$$\mu^*\frac{dv}{d\tau} = \int_{s_0}^{s_1}\left(\varkappa_1\frac{dx_1}{ds} + \varkappa_2\frac{dx_2}{ds} + \varkappa_3\frac{dx_3}{ds}\right)ds,$$

wo $s_1 - s_0$ die Länge der Kette darstellt.

Durch Einführung der spezifischen Masse $\mathfrak{m}$ (Masse der Längeneinheit) wird die Drei-Vektor-Gleichung:

$$\bar{\varkappa}ds = \mathfrak{m}\bar{w}ds + \bar{\pi}ds,$$

wenn man noch $\bar{s} = \bar{\pi}\cdot ds$ setzt.

Folglich hat man für $\bar{\pi}$ den Ausdruck:

$$\bar{\pi} = \bar{\varkappa} - \mathfrak{m}\bar{w}.$$

Setzen wir nun:

$$\bar{w} = \frac{dv}{d\tau} \cdot \bar{\sigma} + \frac{v^2}{r} \cdot \bar{\nu},$$

$$\bar{\varkappa} = \varkappa_\sigma \cdot \bar{\sigma} + \varkappa_\nu \cdot \bar{\nu} + \varkappa_{\nu'} \cdot \bar{\nu}',$$

$$\bar{\pi} = \pi_\sigma \cdot \bar{\sigma} + \pi_\nu \cdot \bar{\nu} + \pi_{\nu'} \cdot \bar{\nu}',$$

worin $\bar{\sigma}$, $\bar{\nu}$, $\bar{\nu}'$ und r dieselbe Bedeutung haben wie in I., 13. 14, dann erhalten wir für die betreffenden Komponenten des Elementarvektors $\bar{\pi}$ die Gleichungen:

$$\pi_\sigma = \varkappa_\sigma - \mathfrak{m}\frac{dv}{d\tau},$$

$$\pi_\nu = \varkappa_\nu - \mathfrak{m}\frac{v^2}{r},$$

$$\pi_{\nu'} = \varkappa_{\nu'}.$$

Aus der ersten dieser Gleichungen folgt die tangentiale Zugspannung an der Stelle, welche um die Bogenlänge l' von dem Anfangspunkte absteht, gleich:

$$\int_0^{l'} \pi_\sigma ds = \int_0^{l'} \varkappa_\sigma ds - \int_0^{l'} \mathfrak{m}\frac{dv}{d\tau} ds$$

$$= \int_0^{l'} \varkappa_\sigma ds - \mathfrak{m} l' \frac{dv}{d\tau}.$$

D. Reibung auf festen Kurven und Flächen.

Betrachtungen über den Vorgang der Reibung gehören in die Physik, da sie sich auf experimentelle Grundlagen stützen müssen. In der theoretischen Mechanik benutzt man noch vorwiegend das Coulombsche Reibungsgesetz, indem man es auf einen materiellen Punkt bezieht. Der dynamische Elementarvektor, welcher die Reibung nach Richtung und Größe darstellt, ist hiernach durch den Ausdruck

$$\gamma k_\nu \cdot \bar{\sigma}$$

darstellbar. Hierin bedeutet $\bar{\sigma}$ einen Einheitsvektor in der Richtung einer möglichen oder wirklichen Bewegung, k_ν den

Normaldruck*) auf die feste Unterlage und γ eine konstante Zahlgröße**) (Reibungskoeffizient).

Die Einführung der elementaren Reibungskräfte in dieser oder einer anderen Auffassung erfolgt auf Grund der allgemeinen statischen und kinetischen Prinzipien.

Die Anwendung des Prinzips der virtuellen Verschiebungen auf statische Probleme verlangt jedoch einige Vorsicht, wie man schon aus dem folgenden Beispiel ersieht.

Für einen einzigen Punkt auf einer rauhen Kurve oder Fläche ist die Gleichgewichtsbedingung:

$$(\overline{k} + \gamma k_\nu \cdot \overline{\sigma})\, \delta \overline{x} = 0.$$

Nun ist aber in diesem Falle:

$$\delta \overline{x} = \overline{\sigma} \cdot \delta x$$

und infolgedessen:

$$\overline{k\sigma} + \gamma k_\nu = 0.$$

Offenbar bezieht sich aber diese statische Gleichung auf eine äußerste Grenze des Gleichgewichts. Ferner hat man dem Vektor $\overline{\sigma}$ entgegengesetzte Vorzeichen beizulegen. Der Ausdruck der vollständigen Gleichgewichtsbedingung hat also die Form:

$$-\overline{\varkappa\sigma} \leqq \gamma k_\nu \leqq \overline{k\sigma}.$$

Aus der Komponentenzerlegung:

$$\overline{k} = \overline{k}_\sigma + \overline{k}_\nu$$

folgt unmittelbar:

$$\overline{k\sigma} = \overline{k_\nu \sigma}.$$

Es wird also für die Grenzen des Gleichgewichtes:

---

*) Bei den kinetischen Problemen mit Berücksichtigung der Reibung ist dieser Druck selbstverständlich nicht durch die äußere Kraft allein bestimmt wie in der Statik, sondern nach III., d., 1. 2., auch noch von der Geschwindigkeit des Punktes und den Krümmungsverhältnissen der Bahn abhängig.

**) Nach neueren Versuchen ist der Reibungskoeffizient γ keine konstante Größe, sondern eine Funktion der Gleitgeschwindigkeit. Die Reibung bei sorgfältiger Schmierung, wie sie in Lagern von Maschinen notwendig ist, erfolgt überhaupt nicht mehr nach dem Coulombschen Gesetz. Sie ist von Petroff und Osborne Reynolds eingehend untersucht.

$$k \cos(\bar{k}|\bar{\sigma}) = \mp \gamma k_\nu,$$
$$k \sin(\bar{k}|\bar{\sigma}) = k_\nu.$$

Die Gleichgewichtsbedingung kann daher auch in der Form:

$$-\frac{1}{\gamma} \leqq \operatorname{tg}(\bar{k}|\bar{\sigma}) \leqq \frac{1}{\gamma}$$

geschrieben werden. Den Winkel, dessen Tangente gleich dem Reibungskoeffizienten (γ) ist, bezeichnet man als „Reibungswinkel“. Hieran schließt sich dann der Begriff des „Reibungskegels“ für eine rauhe Fläche unmittelbar an.

Bei dementsprechenden kinetischen Problemen kann man sich der Lagrangeschen Bewegungsgleichungen unmittelbar bedienen, hat aber darauf zu achten, daß die elementare Reibungskraft der Bewegungsrichtung stets entgegengesetzt ist.

Reibungsvorgänge in Gelenkmechanismen verlangen zur theoretischen Behandlung im allgemeinen die Berücksichtigung der elastischen Deformationen und Spannungen.

E. Beanspruchung der Pendelachse durch ein System von Momentankräften.

Für jeden Punkt des Pendelkörpers gilt die Drei-Vektor-Gleichung erster Ordnung:

$$\bar{h} = \mu \bar{v} + \bar{r} \quad \ldots \tag{a}$$

Hieraus bilden wir nach III., a., 2.:

$$\bar{\mathsf{r}} = \Sigma \bar{r} \quad \text{und} \quad \bar{\mathsf{R}} = \Sigma \overline{xr},$$

worin die Summationen sich über das ganze System erstrecken. Die Zerlegung nach rechtwinkligen Achsen entspricht den Gleichungen:

$$\bar{\mathsf{r}} = \bar{\mathsf{r}}_1 + \bar{\mathsf{r}}_2 + \bar{\mathsf{r}}_3, \quad \bar{\mathsf{R}} = \bar{\mathsf{R}}_1 + \bar{\mathsf{R}}_2 + \bar{\mathsf{R}}_3.$$

Läßt man die Pendelachse mit der Achse der $\bar{x}_3$ zusammenfallen, dann sind r_1, r_2, r_3 die Komponenten der Beanspruchung der festen Achse auf Schiebung und $\bar{\mathsf{R}}_1$, $\bar{\mathsf{R}}_2$ die Komponenten der Beanspruchung auf Drehung in den Lagern.

Die Beziehung

$$\mathsf{R}_3 = 0$$

stellt nach dem D'Alembertschen Prinzip die **kinetische** Gleichung der Impulsion dar.

Aus (a) folgt unmittelbar:

$$\overline{\mathsf{r}} = \overline{\mathsf{h}} - \Sigma\, \mu \overline{v}$$

und

$$\overline{\mathsf{R}} = \overline{\mathsf{H}} - \Sigma\, \mu \overline{x v},$$

wenn zur weiteren Abkürzung

$$\overline{\mathsf{h}} = \Sigma\, \overline{h} \quad \text{und} \quad \overline{\mathsf{H}} = \Sigma\, \overline{x h}$$

gesetzt wird.

Nun ist aber (II., 16.):

$$\overline{v} = \overline{\omega x}, \quad \text{also} \quad \Sigma\, \mu \overline{v} = \Sigma\, \mu \overline{\omega x}$$

oder

$$\Sigma\, \mu \overline{v} = \mu^{*}\, \Sigma\, \overline{\omega x^{*}}.$$

Hierin ist μ^{*} die Masse des ganzen Systems und $\overline{x}^{*}$ der Vektor ihres Schwerpunktes.

Ferner ist nach I., 8.:

$$\Sigma\, \mu \overline{x v} = \Sigma\, \mu \overline{x(\omega x)} = \Sigma\, \mu x^2 \cdot \overline{\omega} - \Sigma\, \mu \left(\overline{\omega}\, \overline{x}\right) \cdot \overline{x}.$$

Da man nach der Voraussetzung $\omega_1 = 0$, $\omega_2 = 0$, $\omega_3 = \omega$ hat, so wird:

$$\begin{aligned} \mathsf{r}_1 &= \mathsf{h}_1 + \omega \mu^{*} x_2^{*}, \\ \mathsf{r}_2 &= \mathsf{h}_2 - \omega \mu^{*} x_1^{*}, \\ \mathsf{r}_3 &= \mathsf{h}_3 \end{aligned}$$

und

$$\begin{aligned} \mathsf{R}_1 &= \mathsf{H}_1 + \omega\, \mathsf{D}_2, \\ \mathsf{R}_2 &= \mathsf{H}_2 + \omega\, \mathsf{D}_1, \\ \mathsf{R}_3 &= \mathsf{H}_3 - \omega\, \mathsf{T}. \end{aligned}$$

Hierin ist

$$\mathsf{T} = \Sigma\, \mu \left(x_1^2 + x_2^2\right), \quad \mathsf{D}_1 = \Sigma\, \mu x_2 x_3, \quad \mathsf{D}_2 = \Sigma\, \mu x_3 x_1$$

gesetzt, so daß T das Trägheitsmoment um die Pendelachse D_1 und D_2 die Deviationsmomente um die beiden andern darauf senkrecht stehenden Achsen bedeuten.

Da $R_3 = 0$ sein muß, so wird

$$\omega = \frac{H_3}{T}$$

und die Beanspruchung der Achse verschwindet, wenn $r_1 = 0$, $r_2 = 0$, $r_3 = 0$, $R_1 = 0$ und $R_2 = 0$ wird. Diesen Bedingungen entsprechen die Gleichungen

$$h_1 = -\frac{H_3}{T}\mu^* x_2^*, \quad h_2 = \frac{H_3}{T}\mu^* x_1^*, \quad h_3 = 0$$

und

$$H_1 = \frac{H_3}{T} D_2, \quad H_2 = \frac{H_3}{T} D_1 .$$

Die Größen x_3^* und D_3 sind natürlich auf die Achsenbeanspruchung ohne Einfluß.

Läßt man nur eine elementare Momentankraft h_2 in in der Richtung der x_2 wirken, dann wird in den obigen Gleichungen

$$h_1 = 0, \qquad h_2 = h_2, \quad h_3 = 0$$

$$H_1 = -x_3 h_2, \quad H_2 = 0, \quad H_3 = x_1 h_2 .$$

Gewöhnlich setzt man auch noch $x_3 = 0$, nimmt also — da wegen $h_1 = 0$ auch $x_2^* = 0$ ist — an, daß der Angriffspunkt von h_2 durch die Schwerpunktsebene geht. Dann erhält man*) aus den obigen Gleichungen

$$x_1 = \frac{T}{\mu^* x_1^*}$$

für den Abstand des „Centrum percussionis" von der Drehachse. (Descartes, 1646.)

F. Daten aus der Geschichte der Mechanik.

1. *Archimedes* (287—212 v. Chr.) De planorum aequilibriis. De iis quae vehuntur in aqua. Opera 2., Leipzig 1881. — Hebelgesetz. Schwerpunktsbestimmungen. Gesetz des hydrostatischen Auftriebes.

---

*) Im Anschluß an dieses spezielle kinetostatische Problem und Bewegungsgleichung des physischen Pendels hat sich die Mechanik gebundener Systeme geschichtlich entwickelt. Man vergl. Anhang F. 5.

2. *Guido Ubaldo**) (1545—1607 n. Chr.) Mechanicorum liber, Pesaro 1577. — Erkennt das Prinzip der virtuellen Arbeiten am Hebel und am Flaschenzug.

3. *Stevin* (1548—1680) De Beghinselen der Weegkonst, Leyden 1586. Findet auf geniale Weise das Gesetz der Kräftewirkung an der schiefen Ebene und leitet daraus das Prinzip der Kräftezusammensetzung für einen gemeinsamen Angriffspunkt ab.

4. *Galilei* (1564—1642). Della scienza meccanica, von Galilei während der ersten Jahre seines Aufenthaltes in Padua (1592—1610) verfaßt, von Mersenne 1634 (Paris) in französischer Sprache herausgegeben und 1649 (posthum) in italienischer Sprache erschienen. Galileis mechanische Hauptschrift: Discorsi e dimostrazioni mathematiche intorno a due nuove scienze attenenti alla meccanica ed ai movimenti locali, Leyden 1638. — Galilei ist der Begründer der technischen Statik (meccanica) und der Bewegungslehre (movimenti locali) geworden, indem er auf beiden Gebieten die ersten fundamentalen Ansätze gegeben hat. Die Grundlagen der Bewegungslehre lieferte er durch die Entdeckung des Trägheitsgesetzes und die Erkenntnis der geometrischen Addition elementarer Geschwindigkeitsvektoren bei der Untersuchung der Wurfbewegung. Die ersten Keime des Prinzips der virtuellen Arbeiten bei Guido Ubaldo bringt er zur weiteren Entwicklung, indem er es für alle einfachen Maschinen als Grundgesetz hinstellt. Begründer der Gesetze des einfachen Pendels.

5. *Descartes* (1596—1650). Lettres, Paris 1667. — Von Mersenne zur Bestimmung der Schwingungsdauer des physischen Pendels aufgefordert, löst er 1646 das im Anhang E dargestellte kinetostatische Impulsproblem (Centrum agitationis seu percussionis) in einem speziellen Falle.

6. *Huyghens* (1629—1695). Horologium. 4°, Hag. Comm. 1658 (Erfind. der Pendeluhren). Horologium oscillatorium, Paris 1673. — Er findet in dem Satze von der

---

*) Die einzige Betätigung des Mittelalters in der Mechanik äußert sich in der scholastischen Pflege der in den Quaestiones mechanicae aufgestellten Naturphilosophie des Aristoteles — daher das leere Zeitintervall zwischen Archimedes und Guido Ubaldo, welches ebenso charakteristisch ist, wie die erstaunliche Intensität der mechanischen Leistungen im 18. Jahrhundert.

Erhaltung der lebendigen Kraft zum erstenmal ein Ansatzprinzip für die kinetische Grundgleichung*) gebundener Systeme von einem Grad der Bewegungsfreiheit (physisches Pendel) und gelangt damit zur Formel IIIc., 21. Seine bedeutendste kinematische Leistung ist die Zerlegung des Vektors der Elementarbeschleunigung nach der Tangente und Normale der Bahn (cf. II., 3).

7. *Newton* (1643—1727). Hauptwerk: Philosophiae naturalis principia mathematica, London 1687.**) — Er bringt die Gesetze der Mechanik freier Punktsysteme in methodisch vollendete Form, wobei er von den folgenden „leges motus" (Princ. No. 10, 12, 13) ausgeht:

I. Corpus omne perseverare in statu suo quiescendi vel movendi uniformiter in directum, nisi quatenus a viribus impressis cogitur statum illum mutare.

II. Mutationem motus proportionalem esse vi motrici impressae et fieri secundum lineam rectam, qua vis illa imprimitur.

III. Actioni contrariam semper et aequalem esse reactionem; sive corporum duorum actiones in se mutuo semper esse aequales et in partes contrarias dirigi.

Eine systematische Ausbildung des lex tertia hätte Newton wohl ohne Zweifel auf die Entdeckung der Bewegungsgesetze gebundener Systeme geführt, wenn er einer solchen Ideenentwicklung nicht prinzipiell entsagt hätte. „Caeterum mechanicam (d. i. die Lehre von den Maschinen) tractare non est hujus instituti." (Principia No. 20.) Sogar die vorhandene Theorie des zusammengesetzten Pendels blieb ihm ein fremdartiger Stoff.

8. *Leibnitz* (1646—1716). Zahlreiche Abhandlungen über mechanische Probleme in den Acta eruditorum Leipzig 1686—1710. Leibnitzii et Joh. Bernoulli commercium epistoli-

*) Allerdings in der Form eines Integrals der eigentlichen kinetischen Differentialgleichung zweiter Ordnung.

**) Man beachte besonders Newtons scharfe Unterscheidung zwischen dem Vektor der eingeprägten Elementarkraft ($\overline{k}$) und seiner Wirkung auf den kinematischen Zustand des beeinflußten Massenpunktes (μ), welcher sich in der Grundgleichung $\overline{k} = \mu \overline{w}$ ausdrückt. Die „actio" wäre $\overline{s} = \overline{k} - \mu \overline{w}$, wenn die Elementarmasse μ einem gebundenen System angehörte.

cum, Lausanne und Genf 1745. Seine mathematischen Schriften sind von G. J. Gerhardt herausgegeben. — In den Act. erudit. (1751) veröffentlichte Samuel König die Betrachtungen von Leibnitz, welche das Prinzip der kleinsten Aktion*) betreffen.

9. *Varignon* (1654—1722). Projet d'une nouvelle mécanique, Paris 1687. Nouvelle mécanique, Paris 1725 (posthum). — Er errichtet auf den Grundlagen des Satzes vom Parallelogramm (geometr. Addition) der Kräfte und des Axioms von der Verschiebbarkeit (cf. IIIa., 6) der Elementarkräfte in ihrer eigenen Richtung das erste vollständige, systematische Lehrgebäude der Statik starrer Systeme und Seilverbindungen. Begründer der graphischen Statik.

10. *Jacob Bernoulli* (1654—1705). — Opera omnia, Genf 1744. — Veranlaßt durch die Angriffe, welche der Huyghenssche Ansatz der Gleichung für das physische Pendel erfahren hatte, versucht Jac. Bernoulli (1686) eine direktere Lösung des Problems, indem er von der Drei-Vektor-Gleichung $\overline{k} = \mu \overline{w} + \overline{s}$ ausgeht, kommt aber zu keiner richtigen Durchführung. Diese gelingt erst dem Marquis de l'Hospital (1661—1708) in dem Journ. de Rotterdam 1690 für den Fall des Stangenpendels. Darauf gab Jac. Bernoulli die

*) Aus dem Virial der Bewegungsgröße $V = \mu \overline{\dot{x}}\, \overline{x}$ folgt die Angriffsvariation $(\delta) V = \mu \overline{\dot{x}}\, \overline{\delta x}$ oder die entsprechende Differentialgröße $dV = \mu \overline{\dot{x}}\, \overline{dx} = \mu \dot{x}^2 d\tau = 2E \cdot d\tau$. Bezeichnet man hiernach das Integral $V = \int_{\tau_0}^{\tau} 2 E d\tau$ als „Maß der Aktion", dann ergeben sich die Bewegungsgleichungen $\mu \frac{d^2 x_1}{d\tau^2} = \frac{\partial U}{\partial x_1}$, etc. indem man V unter Berücksichtigung des Prinzips der Erhaltung der Energie ($E = U + H$) zu einem Minimum macht. In der vorliegenden Darstellung ist von Betrachtungen dieser Art absichtlich keinerlei Gebrauch gemacht. Sie erschweren dem Anfänger durch das künstliche Hineintragen isoperimetrischer Überlegungen unnützer Weise die Auffassung der kinetischen Grundgesetze und sind auch in formaler Hinsicht aus der allgemeinen Mechanik auszuschalten, da die Lagrangesche Grundformel der Kinetik (IIIc 15):

$$\frac{d}{d\tau}\left[\Sigma \mu \overline{\dot{x}}\, \overline{\delta x}\right] - \delta \mathsf{E} = (\delta) V_k$$

den Zusammenhang mit den Impulsionen auch dann erkennen läßt, wenn keine Kräftefunktion (U) vorhanden ist.

Verallgemeinerung für das dreifach ausgedehnte Pendel (Acta erudit. 1691; Mém. Acad. Paris, 1703). Nach diesen Leistungen war die Grundlage der Mechanik gebundener Systeme tatsächlich gelegt. — Bestimmung der elastischen Kurve (Acta. erudit, 1695).

11. *Johann Bernoulli* (1667—1748). Bruder des Vorgenannten. — Opera omnia, Lausanne 1742. Lettre a Varignon (1717), worin er das Princip der virtuellen Verschiebungen allgemein auffaßt und mathematisch formuliert. — De chordis vibrantibus in Comm. Petrop. **2.**, 1727 (erschienen 1729) und ib. **3.** 1728 (erschienen 1732).

12. *Daniel Bernoulli* (1700—1782). Sohn des Johann Bernoulli. — Bedeutende Untersuchungen über Schwingungsprobleme in Comm. Petrop. **6.** (1732/33), **7.** (1734/35). — Hydrodynamica, Straßburg 1738.

13. *Euler* (1707—1783). — Mechanica, sive motus scientia, Petersburg 1736, 1742. Methodus inveniendi lineas curvas (elastische Kurve), Lausanne 1741, 1744. Theoria motus lunaris, Berlin 1753. De principio minimae actionis, Berlin 1753. Theoria motus corporum solidorum, Rostock und Greifswald 1765. — Außerdem zahlreiche Abhandlungen aus den verschiedensten Gebieten der Mechanik. Eulers Knickformel in Hist. Ac. Berlin **13**, 1757.

14. *D'Alembert* (1717—1783). — Traité de dynamique, Paris 1743. Equilibre et mouvement des fluides ib. 1744. Recherchus sur la précession des équinoxes, ib. 1749. Sur les cordes vibrantes, Hist. Ac. Berlin 1747 (erschienen 1749). — D'Alembert hat das nach ihm benannte Prinzip zur Grundlage der Kinetik gebundener Systeme gemacht. Als Gleichgewichtsprinzip benutzt er jedoch noch nicht das Gesetz der virtuellen Verschiebungen, sondern die in IIIa., 6. angeführten elementaren Axiome.

15. *Lagrange* (1736—1813). — Mécanique analytique, Paris 1788; 2, ed. ib. 1811, 1815. Ferner: Différens problèmes, Miscell. Taurin, **3.**, 1765; Sur la force des ressorts pliés, Mém. Berlin 1769; Nouvelle solution du problème du mouvement de rotation ib. 1773; Theorie de la libration de la lune ib. 1780; Theorie de la variation des constantes arbitraires, Mém. Inst. Paris 1808, 1809.

Lagrange hat eine systematische Darstellung der allgemeinen Mechanik geschaffen, welche den tiefsten Einblick in die Natur der dynamischen Prozesse gewährt. An Gedankenreichtum und Genialität der Auffassung steht seine „Mécanique analytique" bis heute unübertroffen da.

Den Bedürfnissen des Geometers nach weiterer Ausbildung der räumlichen Beziehungen in der Kinematik und Dynamik wurde durch die Arbeiten von Poinsot, Chasles, Möbius und Minding im Laufe des 19. Jahrhunderts entsprochen, während Poisson, Hamilton und Jacobi ihre Bestrebungen auf die Transformation der Differentialgleichungen der Bewegung und die Integration derselben für allgemeine Problemgruppen gerichtet haben.

Maxwell und Hertz sind wesentliche Förderer der Mechanik nach der physikalischen Seite geworden, indem sie auf Lagrange zurückgriffen.